U0114040

金商道

The positive thinker sees the invisible, feels the intangible,
and achieves the impossible.

惟正向思考者，能察於未見，感於無形，達於人所不能。 —— 佚名

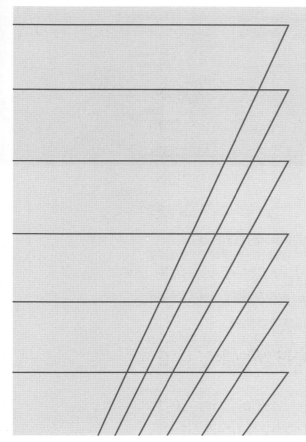

大會計師教你
從財報數字
看懂經營本質

Financial Statements

張明輝

著

Contents
目錄

一本精彩的財報分析書

鄭丁旺　國立政治大學講座教授

「由於美中貿易戰，今年第一季 H 公司三率齊降。」

「本公司 EBITDA 今年已全年轉正。」

「由於 IFRS 16 今年實施，本公司期初資產、負債分別增加 XX 億元及 XX 億元。」

「5G 開放後，各電信公司又將有一波 CAPEX」……以上這些經常在商業雜誌或電視財經頻道看到的詞彙，都跟財務報表的解讀有關，卻不是一般人都看得懂的，尤其是沒有會計背景的人，更難了解其意涵。

會計界一直在思考，如何使財務報表對使用者更有用，卻也一直困惑於到底有多少人看得懂財務報表？會計界認為財務報表是企業對利害關係人溝通的主要工具，既是溝通工具，就必須講求效果及效率。因此會計準則制定機構一直在檢討財務報表表達

及揭露的內容、結構、完整性及連結性，力求能真實反映企業的財務狀況及經營結果。但是無可諱言，隨著經濟活動複雜度的增加，要想反映經濟活動的結果，財務報表的複雜度亦跟著增加。沒有受過會計專業訓練的人，要想捕捉財務報表中所傳遞資訊的真意並不容易。財務報表既然是一種溝通工具，必須編製者和使用者均了解此「共同語言」，否則溝通必產生障礙。

　　資誠聯合會計師事務所前所長張明輝會計師，會計專業出身，執行會計師業務三十多年，以其深厚的會計功力，用深入淺出以及生活化的比喻，詳細解析會計報表的內容、結構以及每一項目所代表的意涵，是筆者所見最精彩的財報分析入門書，值得所有想一窺財務報表堂奧的人仔細閱讀。

　　筆者很同意明輝兄在書中提出的見解：研讀財務報表必須要有對數字的敏感度，不過這一點並不容易做到。也因此，筆者不建議讀者憑一招半式走天下，因為許多財務報表中的數字往往是相互關聯，有些是「此消則彼長、此長則彼消」，有些則是「此消彼亦消、此長彼亦長」，因此必須做整體考量，綜合判斷，才能避免見樹而不見林。就此而論，希望明輝兄能夠再寫一本進階的財報分析的書。

筆者很少一口氣讀完一本新書，明輝兄的這本大作算是少數的例外。看到出版社寄過來的電子檔，打開以後即被書中的內容和風趣幽默的文筆所吸引，深以能先睹為快。謹在此向讀者鄭重推薦。

局勢愈亂　愈要具備穩健的財務控管能力

海英俊　台達電子工業董事長

　　近年來全球經濟情勢詭譎多變，為企業經營構成極大的挑戰。為了兼顧成長與安定，企業經營者必須比過去更有想像力，也要更加謹慎。

　　以一個企業經營者的觀點，不論企業走到了哪個階段，穩健的財務控管能力都不可或缺，舉凡：優於競爭者的存貨週轉天數、收款及付款天數、資金運用效能、投資報酬率，都是財務控管能力的具體表現。正確的財務報表資訊只是建立財務控管能力的第一步，最重要的是經理人能不能充分理解財務報表所傳達的訊息。

　　在經營管理上，不只是財會主管，企業裡的每一位專業經理人最好都要具備對財務報表數據的理解能力，才能更全面的從企業整體的角度，做出對企業最有利的判斷與決策。

要建立對財務報表的理解能力並不困難，即使挪不出時間參加專業課程，也可以在坊間找到很多教導如何看懂財務報表的書籍來自修。張明輝會計師的這本著作《大會計師教你從財報數字看懂經營本質》具體說明如何理解財報數字代表的意涵，進而看懂經營的本質，最特別的是張會計師以真實企業的實際財報數據做為印證，讀來更容易有所啟發。對於有心了解或精進企業經營者來說，這是一本值得推薦的工具書。

找回會計資訊的真正價值

邱純枝　東元電機董事長

　　一早翻開報紙，看到「提列減損，如興指非營運損失」的相關報導，文中提到金管會要求如興因為認列 11 億元的商譽減損，必須重編 2018 年度財報，公司方面表示商譽價值因為併購產生有主觀判斷的考量。不過，主管機關則認為目前貿易戰，將影響商譽的價值而要求提列減損。

　　這則消息引起我個人的注意，其實是因為，我正在拜讀張明輝會計師新著《大會計師教你從財報數字看懂經營本質》一書。

　　本書第二章〈評估企業的真實身價─從宏觀角度看資產負債表〉，提到如何檢視資產負債科目的品質，並以如興公司為例，說明該公司 2018 年的資產負債表共有 263 億元資產，但因為 2017 年的併購，帳上計有「無形資產（商譽）」80 億元，又增加同業少見的「其他應收款」、「預付款項」、「待出售非流動資

產」共 41 億元，也就是，有接近 50% 的資產，其經濟價值如何？確實存在若干主觀的判斷與精算，實在不是一般外部人可以輕易了解，因此只好依賴會計師的審查。

張會計師在本書中以淺顯易懂的方式，讓讀者可以輕鬆的掌握財報數字的關鍵意義，及其背後所代表的經營訊息。以作者的看法，就投資人角度而言，資產負債表結構愈單純，投資人愈容易判斷公司的營運（獲利率、存貨水位、應收應付帳款天期）是否符合該行業的常軌，是否有足夠的本錢（流動性、現金流量、舉債能力）對應外部風險。簡言之，本書有如投資人趨吉避凶的參考書，值得推薦！

近年來，財務會計準則不斷增修，企業被要求提供更多且更複雜的資訊，光是一個簡單的長短期投資，已經被分成三、四個不同會計科目，有些損益要計入當期損益，有些要計入其他綜合損益，更有些直接作為股東權益調整項，林林總總改變，除了增加公司會計工作的負擔及困難度，對於讀者而言，究竟提供多少更有價值的資訊？我常感慨，連我這個會計背景的公司負責人，都快要看不懂財報了，投資人又有多少人因為財報揭露日益深奧而受惠？很高興，本書作者，秉持「Simple is beautiful」（簡單

就是美）的原則，引導讀者判斷報表中有用的資訊，不必受到一些冗長而不知其意的會計科目所困惑。看完書，對於學會計的我來說似乎上了堂溫書課，也從中找回了我所認知的會計資訊的真正價值。

也許，作者著作的目的只是幫助讀者解讀財報，但是，文中所提到的許多觀點，對於經營者而言，也有如警鐘。例如，大量策略不明的投資不論產生原因如何，外界必定質疑公司聚焦經營的能力。過去，國內企業發展歷史悠久者留下的「瓶瓶罐罐」，後人不予梳理者有之，企業經營因為人情而共襄盛舉者有之。多角化經營或許是時代的產物，但誠如作者提醒，隨著產業愈發競爭激烈，企業實應以核心競爭力專注於單一事業的擴張。

這樣的論點，未必人人都認同，但，面對全世界獨角獸贏者通吃的趨勢，經營者思維是否也該有所轉變？

本來以為，閱讀會計書籍是件苦悶的差事，未料，每天上下班途中翻閱，很輕鬆的看完，也再次映證我對於「會計資訊能夠反映經營實質」的想法，相信無論是懂不懂會計的讀者，都能從本書中有所收穫！

奮發與豁達——我所認識的張明輝

陳忠瑞　瑞展產經董事長

　　困苦的童年，是激勵明輝奮發向上的原動力；資誠（PwC）的養成，成就一位貧困家庭小孩成為大會計師及所長；平凡的出生，無法掩蓋一位非凡企業領袖的誕生。

　　我和明輝從彰化高中二年級同班，認識至今超過 40 個年頭，明輝無疑是我們班上最優秀的同學之一。明輝傳承及樹立資誠所長選舉民主化制度變革後，自我選擇放下，為資誠樹立典範，如今，明輝把他在商周 CEO 學院及大專院校教學心得，寫成《大會計師教你從財報數字看懂經營本質》一書，兼具活潑生動又專業務實的闡述三大財務報表及財務指標，不只會計同業、財務主管、投資人必看，更是企業主必須熟讀的一本「傳承的工具書」。

火車之子　奮發向上

　　明輝出生於彰化市南郊的「湳尾」，單看地名就知道是個極度荒涼落後的地區。父親是火車駕駛員，母親是菇菌化學調配員，家庭微薄的收入，必須養育家中四男一女，食指浩繁。明輝是家中老么，但他並沒有因為是么子而特別好命，就讀國小前要到工廠糊紙袋以貼補家用，因此從小就培養出堅毅及奮進的精神，好學進取。

　　在當時高中仍然是「能力分班」的制度下，和明輝高二同班時，他的功課就非常優秀，之後一舉考上台大商業系會計組，這在窮鄉僻壤及貧困環境中，也算是一個勵志的典範。

正宗學院派與務實派

　　明輝在台大商業系會計組受的教育，當然是正宗學院派，尤其是台大會計系明師如雲，以明輝勤奮的求學態度，自然扎下深厚的學術根基。明輝在大學時代，除了會計名師薰陶之外，他特別喜歡跟經濟及歷史相關的課程，從經濟與歷史的視野中，薰陶

出宏觀的心胸，更讓他領悟到人生不只是單純的對或錯，更多時候是選擇題而不是是非題，史觀領悟培養了明輝往後對職場和人生的務實態度。

1984 年，明輝進入資誠工作。

對於出生貧寒的明輝而言，一份收入穩定的工作，是初入社會最務實的選擇。至於基層會計師的苦差事，對於從小就到工廠工作的明輝，根本不以為苦。他花了五年時間幫忙還清家中債務，同時存下一筆出國深造的資金，克勤克儉就是想要更上一層樓，之後再拿到資誠的獎助學金，遠赴美國德州大學奧斯汀分校攻讀碩士，不僅考上美國會計師執照，同時也拿到在美執業的資格，真的是名符其實的學院派加務實派。

資誠的養成與傳承

明輝學成歸國後，即奉派至中壢開設中壢分所，之後歷任審計部門、風控長、審計部營運長、執行長，並在 2013 年 7 月升任為資誠會計師事務所所長，登上事業頂峰。在資誠一路以來的養成，是明輝一生中最感恩的事。

資誠是台灣四大會計師事務所之一，而且資誠不像其他事務所是靠著合併而擴大，而是自生成長。台灣資誠由台灣大學朱國璋及東吳大學陳振銑兩位教授共同創立，創辦人及後續領導人在業界具有極度權威和聲望，造就了資誠的菁英領導文化，直到前任薛明玲所長才逐漸改變，至明輝擔任所長之後，更立下民主選舉所長的自由文化與制度，並將所長退休年齡由 58 歲延至 60 歲。

　　然而，明輝自己在第一任所長任期結束時尚未到達 60 歲，他毅然退下所長位置，交棒給周建宏所長，立下最高典範，其捨下與傳承精神令人敬佩。此外，明輝每逢過年過節都會帶領同仁拜訪兩位創辦人的眷屬，更常常教誨資誠同仁，兩位創辦人對於「公益及社會責任」的初心，不但傳承了資誠的企業文化，並樹立了資誠民主化的里程碑。

與人為善　專業服眾

　　明輝的個性溫良謙讓，跟同學、同仁的感情非常好，又樂於助人、與人為善，所以天下之大幾乎沒有敵人，全是朋友。這種自然孕育而成的領袖氣質，在人才濟濟的事務所中更顯光芒，也因此毫無背景及關係的火車駕駛員之子，逐步在會計界成為一位

傑出的領導人。

優秀的明輝，2016 年當選彰化高中傑出校友，現也擔任彰中 67 級同學組成的「華陽會」會長，充分展現他擅長組織、溝通的領袖氣質，並常常分享他的會計專業給周遭好友，成為大家免費的顧問。在闡述會計專業時，他深入淺出、引經據典的解說，其熱忱及專業折服所有好友，有同學如此，實人生一大榮幸。

捨得放下　豁然天人

明輝於 2017 年卸下所長重任，專任資誠文教基金會董事長，友人問他接下來要做什麼？他半開玩笑說，「就是什麼都不做。」這種完全放下、捨棄權位的風範，在眷戀權位、以利益導向的社會，更形彌足珍貴，令人敬佩。

當然，深懷專業及經驗如明輝，念茲在茲的資誠精神就是──會計師是「公益事業」。退休以後，他致力於傳承這個崇高的精神，常常受邀至各大學如東海、中正、台大等，傳承其專業與理念，尤其對於「保護投資人」這部分，更是不遺餘力宣導。現在明輝把他三十多年的專業實務經驗，寫成《大會計師教你從財報數字看懂經營本質》一書，實為讀者之福也。

目前明輝跟著眾多同學、好友，一起旅遊、打球，學習投資，並花很多時間陪伴家人、小孩。身為老同學，衷心祝福一路走來，始終勤奮如一的明輝，得以享受未來。

對數字追根究柢，
培養評估「績優」公司的能力

　　一年多前商周集團來找我，希望我可以在「商周 CEO 學院」開設一系列的企業變革管理課程中，講授如何運用「財報力」促進企業推動變革。

　　商周 CEO 學院的課程內容向來嚴謹紮實，並且非常重視如何在三小時內，讓大部份「非會計背景的 CEO 或高階經理人」看懂財務報表、抓住經營重點，課程結束後還要能夠將課程所學，活學活用應用在企業經營中。當時《商業周刊》郭奕伶總編輯（亦為商周 CEO 學院院長）那求好心切的慎重表情，我到現在還清楚的記得。所幸，這門課開講後，成效還不錯，據說有學員向商周 CEO 學院反映：「財報課三小時太短，意猶未盡。」因此，商周 CEO 學院建議我把這門課的內容編輯成冊，於是就有了這本書的誕生。

會計是國際共通的商業語言，每家企業所出具的財務報表更是傳達了諸多訊息。郭台銘先生說「魔鬼藏在細節裡」，懂會計並且具備適當的產業知識者，能夠從閱讀財務報表中獲得訊息，判斷標的企業究竟是天使，還是魔鬼，或者兩者皆俱？這些訊息「包括但不限於」下列事項：

　　一、資產負債是否具備高品質？

　　二、損益是否具備結構性獲利能力？

　　三、是否具備自我籌資能力？

　　四、是否有財務危機？

　　五、企業經營是否穩健？是否聚焦？是否有競爭力？

　　六、經營團隊的經營能力強不強？心態如何？是否充分利用　　　資源並且不浪費？

　　七、公司的文化如何？是否追求卓越？

　　八、是否有做假帳之嫌？

　　以往，很多不懂會計的企業經營者或投資者，為要了解標的

公司，往往透過自修或上課的方式學習如何閱讀財務報表，以找出天使或揪出魔鬼。不過，根據我的觀察，一般人在學習閱讀財務報表的過程中，通常會面臨兩個瓶頸，第一個是不明白會計的基本原則和架構，也就是不了解「資產負債表」、「損益表」以及「現金流量表」所要表達的意思。

這方面，市面上有不少書籍都有深入淺出的介紹，要突破這個瓶頸並不困難。然而，即使明白了這三張報表的意義，大多數人馬上會面臨第二個瓶頸，那就是：不明白財報中各項數字所代表的意義。例如：2018 年底，台積電及鴻海帳上分別保有五千多億元及七千多億元的現金，這個數字對這兩家公司意味著什麼？再如台積電帳上有一千多億元的各項短期投資，這些投資是否健康？是否合理？這些疑惑，即使是具備財務背景的財會人，也不見得能從財報看出端倪。

本書設定的目標有點大，我希望透過財務指標及產業知識的介紹，搭配知名企業的財報釋例，能讓讀者對財報上的數字有「深刻的感覺」，學會對數字追根究柢，進而有能力評估何謂「績優」公司，並且能在閱讀財報時，可以聽到績效差的公司「獲利停滯不前的呻吟聲，或是資產縮水的哭泣聲」。

您可能會問：讀懂財報真的可以這麼神？真的可以透過財報了解企業這麼多的面向嗎？接下來，就請您抱著這樣的好奇心，一章、一章耐心的讀下去，就可以知道了！

　　另外，依據會計師職業道德規範及諸多審計公報的規定，我在此聲明：

一、本書所列之財報皆非本會計師查核。

二、本書內容之相關資訊主要取材自公開資訊觀測站，或報章、雜誌、網路之報導，少部分取材自個人執業生涯經驗者，亦經過改寫，以確保不會洩漏客戶機密。

張明輝

2019.05

對數字有感

—— 經營管理不能只憑直覺和經驗

450
656
40
680
30.5
900

會計師執業幾十年的生涯中，我看到不少企業主或專業經理人，因為不懂財務數字而吃大虧。即便看著手上的財務報表，他們還是不清楚公司「真實的」財務狀況或經營績效為何，一味的認為只要報表上呈現的數字「有賺錢」就好，然後繼續憑著自己的經驗與直覺來管理公司。

每每聽到企業主說，有賺錢就好。我都在心裡為他們捏一把冷汗。因為「會計」並不是一堆生硬的數字，財報的意義更不是只要看到「有賺錢」就好。經營者好好了解財報，可以從中掌握到公司變革的關鍵。

對投資人來說，了解會計、看懂財報也很重要，從消極面來看，如果不想踩到地雷股，就必須看懂該企業是否做假帳，會不會因為財務不穩而突然倒閉。從積極面來看，若能從財報數字中了解該公司資產、獲利的品質，經營者的能力和心態，甚至於企業文化，進而推演未來的發展性，能否成為長期投資的標的，這是投資人最希望從財報數字中看出來的結果。

看懂財報，打通財務任督二脈，就能在經營或投資上撥雲見日。正確解讀財務數字的意義，經營者能洞察目前公司體質是否健全，為企業的長遠發展及時進行策略調整；投資人能明瞭公司經營者的能力與心態，了解其經營策略是否聚焦，甚至企業文化是否追求卓越，進而決定這家公司的投資價值。因此，對經營者與投資人來說，都必須要懂會計、讀財報。

但是問題來了，究竟要懂多少才算是真懂？

根據我多年的觀察，初學者想要讀懂財報，會遇到兩個障礙。第一，是不懂會計的基本原則跟架構，也就是不了解資產負債表、損益表、現金流量表，這三表所顯示的意義是什麼。第二，即便懂得這三個表，但是上面的數字就像是看天書，腦袋一片空白，無法理解這些數字隱含的意義是什麼。

譬如，台積電多年來，到了年底大多保有五千多億元的現金，鴻海大概保有六千多億元的現金。但是鴻海在 2018 年底保有的現金卻大幅增加到 7,887 億元，這些數字對於鴻海意味著什麼？

當然也有人提出質疑，這三個表真的有這麼「神」嗎？曾有企業家告訴我，他不懂會計、不懂財報，同樣把公司經營得很好，只因為我是執業會計師，所以才說懂財報很重要？為了解除大家的疑慮，我引述兩位經營大師對於會計與企業經營的看法。這兩位經營大師都是讀理工的，並不是會計，而且企業在他們的帶領下，經營得有聲有色，風生水起，甚至起死回生。這兩位大師，一位是日本經營之聖稻盛和夫，另一位是台灣半導體之父張忠謀。

稻盛和夫帶領京瓷 Kyocera、KDDI 走向世界五百強企業，他的名言之一就是「會計是經營的中樞核心，不懂會計就不會經營」。他創立及經營京瓷期間從來沒有虧過錢，後來更受日本政府之託，帶領並改造日本航空（JAL）走出破產危機，因此又被

稱為日本的改造之神。理工背景出身的他，翻轉企業的本領，憑藉的就是會計。

台灣半導體之父張忠謀 2011 年在獲頒「台灣最佳聲望標竿企業獎」的頒獎典禮上，花了數十分鐘暢談企業基本面的重要性。他對於何謂數量化管理、乾淨的資產負債、結構性獲利能力、穩定的現金流量等企業經營的會計精髓，做了精闢的闡述。以這些觀念來管理公司，讓台積電成為全球獲利前百大的企業。

魔鬼，藏在細節裡。究竟稻盛和夫與張忠謀，是如何從財務數字中，發現龐大事業體底下的魔鬼在哪裡？

稻盛和夫：不懂會計，就不會經營

稻盛和夫認為，欲運用會計協助企業步上正軌、永續經營，有四個步驟。第一步，財報必須能真實呈現實際經營狀況；第二步，經營者必須對會計數字有感覺；第三步，經營者要對會計追根究柢；第四步，進行變形蟲（阿米巴）經營管理。

第一步：財報必須真實呈現實際經營狀況

稻盛和夫在其著作中提到：「經營的數據必須毫無作假，能夠真實呈現實際經營狀況的資料，損益表與資產負債表等所列的項目與詳細的數字，必須是任何人審閱都完善無缺，毫無任何錯

誤，百分之百正確顯示公司的實際狀況。」

很多人看到這段話，直覺反應就是，本來就應該如此不是嗎？但是就我執業多年的實務經驗來看，很多企業光是這一點就做不到。

許多企業在景氣不好、經營不善時，會要求會計部修飾一下帳面數字，把帳面「做」得好看一點，自己騙自己；到了景氣好、有獲利的時候，也會為了儲備存糧，而稍微「藏」一下帳面數字。又或者，台灣很多中小企業有內帳與外帳，給股東看的稱為內帳，給銀行及國稅局看的是外帳。但我發現大多數有兩套帳的公司，通常內帳也是「烏鴉鴉」，完全無法真實呈現實際的經營情況。

有些中小企業經營者認為：「反正我們不用給會計師查帳，也不用對投資人交代，人工修飾一下也無妨。」但是依據稻盛和夫的本意是，公司帳應該連改都不能改，給任何人看的報表都是一樣，因此要做到「能夠呈現真實經營狀況的報表」，很多人在第一關就不及格。

第二步：經營者要對會計數字有感

何謂對會計數字有感？稻盛和夫說：「閱讀結算報表時，必須能夠立即察覺獲利停滯不前的呻吟聲，或是資產縮水的哭泣聲。」我認為經營者必須具備兩個素質才能做到這一點，其一是了解會計的本質，其二是對數字有敏銳度。

以「資產縮水的哭泣聲」來說，企業在經營的過程中，有時會累積一些呆滯的存貨，或是遲遲收不回來的應收帳款，這些其實都會讓公司資產縮水。偏偏有些經營者視而不見或拖延不立即處理，還自我安慰這些狀況會慢慢改善。

我經常受邀擔任公司治理相關獎項的評審，發現服飾業、鞋類等公司，其存貨非常之高，即便不再生產或採購，現有存貨再賣個一年仍綽綽有餘。我曾經詢問某公司負責人，為什麼存貨這麼多？他回答，由於款式與尺寸需有充足的備貨，所以庫存高，又說「就算今年沒賣掉，明年還是可以繼續賣，而且毛利很高，沒有快速賣掉也無妨。」

但是就我的經驗，一般外商對於服飾、鞋類以及皮包等流行性商品，每逢換季就會進行降價大拍賣，以出清存貨換取現金，顯示他們對於流行性商品的存貨管控非常嚴謹。這樣的做法可以把營運資金變小，而且不會因為存貨過高，必須在未來大幅降價而造成更大的損失。反之，台灣的服飾業卻常常因為存貨過高而造成經營危機，甚至因此倒閉。

再就「獲利停滯不前的呻吟聲」來看，有些公司在獲利期，即便獲利衰退，但經營者卻認為，反正現在仍有獲利，無須擔心，而沒有立刻去找出獲利衰退的原因，慢慢的就溫水煮青蛙，整個公司的營運逐漸走下坡。

以張忠謀的標準來說，獲利成長率必須高於營收成長率。

如果獲利成長率低於營收成長率，就代表公司正在失去成長的動能。有些公司帳面上的營收與獲利皆成長，若再細看，會發現這些公司要不是毛利率下跌，就是營業費用失去控制，這些細節其實都是經營上的警訊。

第三步：經營者要對數字追根究柢

看到數字不對的時候，要追根究柢。稻盛和夫說：「我對實際結算數據不同於自己的預估時，就會立即要求承辦的會計人員詳細說明。我想知道會計的本質與應用原理，而非稅務的教條式說明。」很多人一聽到這句話，直覺是本就應該如此。會計數字與預估不符的時候，本就應該追根究柢，但事實上，我擔任會計師時，卻發現很多公司的實際營運根本不是如此。

比如某公司開董事會，會計人員在董事會報告說：「今年第一季獲利不如去年第一季，原因是今年第一季適逢春節，營收減少。其次，我們第一季提列較多呆帳，以致獲利也受到影響。」我聽到這樣的說明，忍不住滿臉問號。

試問，今年第一季逢春節假期，難道去年第一季沒有過年嗎？今年呆帳增加，但是造成呆帳增加的原因是什麼？會計人員並沒有說明，只是一句話帶過。所以這場報告基本上就是在敷衍董事會上的所有人。但我卻發現，現場其他人沒有任何反應，更遑論追根究柢。

反觀，當稻盛和夫發現財務數字異常時的作法是：「遭遇各種會計或稅務等問題時，我都依照個人的經營哲學，毫不逃避，正視處理。對於具體事例，我一定尋根究柢直到完全理解。」對於會計與財務現況，以及會計管理的應有態度，並非所有經營者都能像他一樣，勇敢面對、積極處理，也因此無法得到稻盛和夫從財務數字中自我領悟的經營之道。

第四步：進行阿米巴管理法

　　稻盛和夫之所以被外界稱為經營之聖，主要是他創造了「阿米巴」的經營管理模式。阿米巴就是變形蟲的意思，其核心的經營理念就是「利潤中心」，把一個公司切成各種利潤中心來管理，而管理這些利潤中心的骨幹就是財務數字。

　　他運用阿米巴管理法把京瓷集團經營得有聲有色，也是用這個方法把日本航空救起來，這究竟是如何辦到的？

　　稻盛和夫回憶，他剛進去日本航空公司的時候，發覺這家公司完整的業績報告最快也要三個月後才能出來，也就是說，經營者手上拿到的數字，都是三個月前的經營結果。於是，稻盛和夫要求會計部門必須在一個月之內提出完整的業績報告；此外，業績報告必須細分到各部門，甚至各條航線的損益數字。當這樣的要求一提出來，會計人員都要昏倒了，公司內部經過一番大地震後，終於產出稻盛和夫要看的結果。

為什麼稻盛和夫要求會計人員三倍速運轉？舉例來說，如果飛台灣的飛機有從日本羽田機場到台北松山及桃園機場這兩條航線，那麼經營者應該要在最快的時間看到這兩條航線的盈虧，如果賺錢，可否增班？如果虧損，有沒有改善的方法？而且無論是加開航班或是整併航線，都有明確的財務數字做為依據，以利經營者做出最適決策。

接著，他運用這個模式與內部員工溝通，把每一條航線都變成一個利潤中心，航線上的機師、空姐與相關人員都是創造這條航線財務數字的一份子，這條航線是否賺錢也跟每個人的績效連動。以前，機師或許覺得，我每天只要負責開飛機就好，乘客多少、票價多少都跟我沒關係，但如果航線賺錢與否會影響自身績效，那就大有關係了！

此後，機師和空服人員不僅更加積極投入工作，甚至還會主動思考，怎樣才能讓航線賺錢。

過去，日航員工沒有成本概念與改善獲利的決心，現在透過利潤中心制，每個員工被培養成有意識的生意人。變成經營者，自己就是老闆，看著會計部門提供的即時數字，每個人也都清楚部門目前所處的狀況，以及自己可能的績效。

稻盛和夫透過培養有經營者意識的人才，讓員工產生生存的意義與成就感，並激發對工作的使命感。經過 2 年 8 個月的重整，讓原本全年虧損超過 1,208 億日圓、負債總額高達 2.3 兆日圓，

> **會計管理四步驟**
>
> **Step 1** 財報必須能真實呈現實際經營狀況
>
> **Step 2** 經營者必須對會計數字有感覺
>
> **Step 3** 經營者要對會計數字追根究柢
>
> **Step 4** 進行變形蟲（阿米巴）經營管理。

已向法院申請破產保護、狼狽下市的日航，連續三年均獲利超過 1,800 億日圓，在 2012 年重新風光上市。

張忠謀：無法數量化的東西就無法管理

　　台灣半導體之父張忠謀則認為：「沒有辦法數量化的東西就無法管理，或者很難管理，所以即使很難數量化，也要盡量數量化。」他表示，一個卓越的公司必須做到以下三項，包括：高品質的資產和負債、具結構性獲利能力、以及現金要能持續穩定的流入。

第一項：高品質的資產和負債

　　張忠謀認為，高品質的資產和負債需具備以下四要件：

1. 沒有高估的資產

公司內無用或價值很低的財產，例如呆滯的存貨、收不回的帳款、沒有用的設備、已經減損的商譽等等，該打掉的就打掉，讓顯現的資產都是健康的。以台電為例，如果核四無法商轉，這幾千億元的資產就該立刻打掉。

2. 沒有低估的負債

該認列的負債必須及時認列，不可以漏估或低估。不過，負債有時很難合理的估列，例如，英國石油（BP）因 2010 年墨西哥灣鑽油平台漏油案，所發生的總損失截至 2018 年已高達 650 億美元，但這在事發當時很難合理估計；BP 從 2010 年起依油污處理及各項索賠、訴訟情形逐年追加認列損失，這樣的處理雖然符合會計原則，但也可以說 2010 至 2017 年的 BP 財報都有低估負債的情形。較佳的處理作法是，當企業發生難以估計的負債時，必須在財報中詳細說明，聰明的投資人可以從會計師的查核報告中看出端倪。

3. 健康的負債比例

企業經營一定會有負債，但負債比會因產業的不同有所差異，「健康」的負債比例是指企業負債比例不宜超過該行業的合理範圍。一般來說，產業波動大的高科技公司負債比宜控制在四

成以內，產業波動較小的一般製造業之負債比例，宜控制在六成以內，至於銀行業負債比在九成以上，也算是正常的。以台積電的財報數字為例，該公司 2018 年底的負債比是 20％，較同業的 43％低很多，顯示該公司的財務體質的確強健。

4. 乾淨的資產負債表

所謂「乾淨的」資產負債表，就是公司資產都是為了營運所需，沒有太多「虛」資產（如商譽），也沒有太多無法使用或利用率低的不動產、廠房及設備，同時也沒有難以估計的負債。

譬如在台電的財報數字中，沒有運轉的核四廠被視為 2,828 億元的資產，同時也不提列折舊，就是典型的資產不乾淨的案例。前述所說的 BP 漏油案造成的損失，連續七個年度難以估算，就是典型的負債不乾淨的案例。

另外，每年都會有些已成了「殭屍」的公司被借殼上市，若營運項目不同，借殼公司往往很難運用被借殼公司的財產。比如一家做 LED 的公司，借殼一家做化纖的公司以上市，化纖公司的廠房與設備對於 LED 事業難有助益，照理說應該要隨著業務轉型而陸續被變賣或淘汰，這種掛在帳上但使用率偏低或沒有在使用的資產，也算是資產不乾淨的典型。

> **高品質的資產和負債**
>
> 1. 沒有高估的資產
> 2. 沒有低估的負債
> 3. 健康的負債比例
> 4. 乾淨的資產負債表

我們從表 1-1 來看，台積電 2018 年財報的資產負債表，「不動產、廠房及設備」與「現金」占整體資產的 79％，再把應收帳款與存貨加入更高達 90％，顯示台積電的資產幾乎都是營運所必需，而且沒有無法估算的重大負債。從整體來看，台積電的資產和負債很乾淨。

第二項：具結構性獲利能力

張忠謀提到，具備結構性獲利能力的企業有四個關鍵：

1. 獲利成長率要高於營收成長率

成長與創新是永恆不變的價值，但是張忠謀認為：「所謂成長，不是一般單純營收的成長，而是附加價值的成長，是追求利潤的成長。」畢竟創新的目的是要讓公司賺錢，如果創新無法為

表 1-1　乾淨的資產負債表：資產大部分為營運所需，且無重大負債

台積電 2016~2018 資產負債表摘要 單位：新台幣億元	・　不動產、廠房及設備＋ 　　現金＋應收帳款＋存貨＝ 90% ・　總負債占 20% →資產絕大部分為營運所需，且無重大負債，顯示台積電的資 　產負債品質很好。						
年度	2016		2017		2018		
總資產	18,865	100%	19,919	100%	20,901	100%	
不動產、廠房及設備	9,978	53%	10,625	53%	10,721	51%	
現金	5,413	29%	5,534	28%	5,778	28%	90%
應收款項	1,293	7%	1,223	6%	1,292	6%	
存貨	487	3%	739	4%	1,032	5%	
總負債	4,964	26%	4,691	24%	4,126	20%	

資料來源：公開觀測資訊站，作者彙整

公司賺錢，還不如不要創新。

　　反映在財務數字上，張忠謀認為附加價值的成長，必須是獲利成長率高於營收成長率。經營企業不可能每一年都成長 20% 到 30%，一般情形下只要成長 5% 到 10% 就很了不起了。但其中關鍵在於，假設營收成長了 5%，獲利成長一定要超過 5%，如果獲利成長沒有達到 5%，就表示營收成長可能是因為產品被迫降價而損及毛利，也可能是被成本及費用的增長吃掉了，這樣的成長對公司反而是不健康的，不可不慎。

　　要做到獲利成長率高於營收成長率，企業必須掌握市場定價權，同時也要有相當強的成本控制能力，才會有穩定的毛利率。

要做好成本控制較容易，但要掌握市場定價權，是台灣大部分企業最難做到的。

以蘋果為例，蘋果每年都會與其供應鏈廠商重新議價，透過比價來砍價，無法掌握市場定價權是台灣供應商最常面臨的困境。一般來說，企業欲掌握市場定價權的前提有二，一是研發能力強，走在產業前端，如大立光就是因為掌握技術上的優勢，即便蘋果也必須「屈服」；二是產品具有極強的品牌或銷售通路（如統一超）。若企業具有這兩項優勢，維持毛利率的穩定才會較為容易。

2. 營業費用與獲利結構要平衡

張忠謀認為：「要做到獲利成長率高於營收成長率，除了要控制好毛利率之外，還要控制好營業費用。」營業費用主要包括三個子科目，「推銷」、「管理」及「研發」費用，隨著產業不同，這三個科目的配比亦不同。

推銷費用是把產品賣出去所花費的支出，通常占營收的一定比例，而這個比例隨著業別而不同。B2C 產業（例如統一超）因為要服務眾多消費者，推銷費用占營收的比例較高；B2B 產業因為只需照顧好相對數量較少的企業客戶，其推銷費用占營收的比例較低。但不管是 B2C 還是 B2B 產業，推銷費用雖然會隨營收增加而增加，但其增加率不應超過營收增加率。如果超過了，就

表示產品的產品力不足，必須要以大打廣告、增聘業務人員等方式強力推銷才賣得掉。

數年前，中國大陸有間公司叫長城汽車，原本生產小貨車，後來又做了休旅車。新款休旅車上市的時候，銷售非常好，營收和獲利一直上來，股價也一直漲，然而次年財務報表公布出來，股價卻大跌，那是為什麼呢？

長城汽車在香港上市，外資一看財務報表，發現其推銷費用成長非常高，間接顯示新款休旅車的銷售量是靠大量的促銷活動創造出來的，成長無法永續，因此股價應聲下跌。

至於管理費用，大多是由企業自主掌控的，管理費用若增加太快，往往表示公司的管理力度不到位。

研發費用多寡則必須要有策略性思維，與公司長期的發展結合。研發費用代表的是投資未來的力度，必須被高度重視，但也不能為了研發而研發，導致現有股東利益受損。所以，企業可依照行業特性或公司政策，設定營收的一定比例作為研發費用，並持之以恆。例如 Alphabet （Google 母公司）每年研發支出占營收比重約在 15% 到 16% 之間；蘋果公司過去三年的研發比重則由 4.7% 逐漸增加至 5.3%。

3. 損益平衡點必須控制在低點

張忠謀表示，降低企業的損益平衡點非常重要，尤其在景氣不好的時候，最好將損益平衡點控制在低點。但是什麼是損益平衡點呢？學理上，企業費用可分為「固定費用」與「變動費用」。「固定費用」是指企業即使不營運也會發生的費用，例如基本水電費、設備折舊等等，這些成本在企業營運的一定範圍內是不變的，例如台積電的設備按五年攤提折舊費用，每台設備的折舊費用每年都是固定的，不會因為當年度多生產或少生產而改變；「變動費用」則是指隨著銷售量或生產量增加而增加的費用，例如生產晶片時必須買晶圓，生產的晶片愈多，晶圓的支出就愈大。

不過，為什麼是稱為學理上呢？因為實務上，很多費用難以歸類！例如教科書上將「人員薪資」定義為「變動費用」，但在實務上，員工不是招之即來、揮之即去的，何況還有法律保障員工就業的基本權益。

我們回過頭來解釋所謂「損益平衡點」，損益平衡點愈低愈好是指企業在經營時，應該提高變動費用的比例，降低固定費用的比例。這樣的話，即使景氣不好，營運活動大幅下降時，變動費用比重較高的企業，其成本與費用支出可以更快速的下調，讓企業在經營上更有靈活度，以順利渡過不景氣。

但是，要怎麼降低固定費用的比例呢？例如汽車業在研發新款車時，不是只有自己獨力做研發，而是在開出規格之後，要求

上下游協力供應商共同來做，一起攤提研發成本。此外，因為模具費用很貴，車商也會要求零件供應商共同負擔模具費用，待正式量產以後再給予零件商補貼。比如一個模具的開發費用是一千萬元，那麼銷售的前一萬輛，每台車補貼一千元的模具費，超過一萬輛之後就不再補貼。

透過此方式，車商把生產設備與研發費用等支出讓全體供應商去分擔，就能有效降低自身的固定費用。

4. 良好的獲利能力與內部籌資能力

良好的獲利能力，對一般投資人而言，往往指的是每股獲利能力（EPS），但對於企業營運來說，張忠謀認為總資產報酬率（ROA）、資本回報率（ROIC）、股東權益報酬率（ROE），這三項指標也很重要，企業可以根據產業與自身狀況，至少做好其中一項。為讓讀者了解，本書僅探討股東權益報酬率（ROE）。

以台積電為例，台積電 2018 年平均股東權益為 1.6 兆元，其中有超過 1 兆 2 千億元的保留盈餘及資本公積尚未分配給股東。所以說，實際上台積電是以股東的 1.6 兆元在做生意，而不是以2,593 億元的股本在做生意。

從表 1-2 來看，依照台積電 2018 年損益表中所揭露的數字，其 EPS 為 13.54 元，但如果我們以平均股東權益來計算台積電的ROE ／元的話，台積電 2018 年的 ROE 就只有 2.2 元。（表 1-2）

表 1-2　良好的獲利能力：觀察 EPS 與 ROE

台積電 2014~2018 損益表摘要 單位：新台幣億元	良好的獲利能力： 對投資人而言，和股價關係密切的 EPS 最重要； 就大股東和董事會而言，ROE 會比 EPS 更重要。									
年度	2014		2015		2016		2017		2018	
	金額	%	金額	%	金額	%	金額	%	金額	%
營業成本	3,851	50	4,331	51	4,731	50	4,826	49	5,335	52
營業費用	808	11	885	11	969	10	1,079	11	1,121	11
業外收支淨額	62	1	304	4	80	1	106	2	139	2
稅後淨利	2,638	35	3,066	36	3,343	35	3,431	35	3,512	34
股本	2,593		2,593		2,593		2,593		2,593	
平均股東權益	9,467		11,341		13,064		14,565		16,001	
EPS ／元	10.18		11.82		12.89		13.23		13.54	
	EPS ＝稅後淨利／股本									
ROE ／ %	28%		27%		26%		24%		22%	
ROE ／元	2.8		2.7		2.6		2.4		2.2 元	
	ROE ＝稅後淨利／平均股東權益									

以 2,593 億元股本計算，台積電 2018 年 EPS 為 13.54 元，但如果以平均股東權益 1.6 兆元來計算，台積電 2018 年 ROE 就只有 2.2 元。

註：因為非控制權益數值很小，計算時我們假設非控制權益為零。

資料來源：公開觀測資訊站，作者彙整

　　所以，衡量一家公司的獲利能力，對投資人而言，EPS 最重要，因為 EPS 和股價的關係密切。但是就大股東和董事會而言，ROE 會比 EPS 更加重要，其原因我們會在探討「損益表」時再做深入的探討。除了良好的獲利能力以外，張忠謀認為內部籌資能力也很重要。所謂內部籌資能力，指的是企業必須能夠從營業活

> **具結構性獲利能力**
>
> 1. 獲利成長率要高於營收成長率
> 2. 營業費用與獲利結構要平衡
> 3. 降低損益平衡點，以提高經營彈性
> 4. 良好的獲利能力與內部籌資能力

動中，產生足以讓企業從事投資及發放股利的現金流量，詳細內容將在有關「現金流」的章節裡深入討論。

第三項：要有持續穩定的現金流入

張忠謀認為，唯有能夠產生穩定現金流量的公司，才是好公司。虧損不可怕，不管賺或賠，能夠產生良好的現金流量，以支撐公司投資與發放股利的流量，是非常重要的。

基本上，企業營運每天都會有錢進出，這些現金流進出基本上可以分為三種。第一種是「營業活動」，也就是日常買賣貨物、製造生產所賺取或花費的金錢。第二種是「投資活動」，也就是企業買賣或投資土地、廠房、設備或股票債券等活動的金錢進出，比如台積電一年要買三千多億元的設備，比中央政府一年的經建支出還多。第三種是「籌資活動」，也就是企業向股東或金融機構拿錢或還錢等金錢進出。

張忠謀所指的「穩定的現金流入」，是指公司營業活動要有穩定的現金流入，以便支應相關的投資活動與籌資活動。以台積電為例，其 2018 年投入三千多億元購買設備支出（投資活動），並發放股東二千多億元的股利（籌資活動），因此台積電的營業活動必須賺取超過五千億元的現金，才能應付這些必要的現金流出。

　　從表 1-3 來看，無論淨額多少，台積電近五年來，其營業活動的現金流入，均足以支撐投資（買設備）與籌資（發股利）活動，就是持續而穩定現金流入的例證。

　　從營業活動創造穩定的現金流入，足以支撐投資活動與籌資活動。這一點非常重要，但很多台商都忽略了這一點。

　　很多台商到香港掛牌，股價都很低，台商們不解為什麼公司這麼賺錢，但是在港股卻不受青睞？究其原因有二，其一是因為台商規模普遍較小，在港股較不受重視；其二就是港股市場很注重公司是否有現金流入，可以穩定發放股利，這也是港股推崇地產業跟金融業的原因。

　　反之，因應產業發展狀況，台股較推崇製造業。然而製造業的缺點就是必須不斷擴廠，擴廠就要買土地、建廠房、買設備、買原料。生產完畢之後，賣給下游，出貨以後又要隔了好幾個月才收到錢，導致生意做愈大，三點半卻跑愈重。同時公司帳上的 EPS 雖高，卻沒有現金來發放股利，導致不受港股法人青睞，在港股掛牌的股價都很低。

表 1-3 穩定的現金流：營業活動足以支撐投資活動和籌資活動

台積電 2014~2018 現金流量表摘要 單位：新台幣億元	穩定的現金流入： 台積電近 5 年來，其營業活動創造穩定的現金流入，足以支撐投資活動（買設備）與籌資活動（發股利）。				
現金流入（出）／年度	2014	2015	2016	2017	2018
營業活動	4,215	5,299	5,398	5,853	5,740
投資活動	（2,824）	（2,172）	（3,954）	（3,362）	（3,143）
籌資活動	（323）	（1,167）	（1,578）	（2,157）	（2,451）
淨額	1,158	2,042	（214）	121	244

資料來源：公開觀測資訊站，作者彙整

從財報看出企業經營的量化與質化指標

　　一個制度良好、獲利卓越的企業，其會計部門通常可以劃分成兩個單位，一是「財務會計」單位，一是「管理會計」單位。「財務會計」單位主要是紀錄公司的活動，並據以編製大眾熟悉的「財務報表」，財務報表主要是提供給投資人、非執行董事、以及銀行等債權人閱讀。「管理會計」單位是往往根據財務會計編製的數據，再加上其他部門的數據，甚至加上「預測」的數據去產生「管理報表」，管理報表主要提供給公司的管理人員與全體董事作為經營決策之用。

　　在我擔任會計師的職涯裡，曾經主查過很多國際級大企業，發現愈是知名的國際企業，愈是重視管理會計，這是因為會計的主要功能，在經營管理上就是提供「即時的財務數字資訊」，讓

經營者們的決策有所本。因此，我建議所有的企業經營者，請檢視你公司的會計人員能否提供適切的未來財務數字資訊，抑或是只告訴你上個月、上一季公司賺了多少錢。如果你公司的會計部門只能做到提供過去的財務數字，那就表示會計部門的功能還需要大幅改進。經營事業，畢竟要如同稻盛和夫所說：「做到未來，才是最重要的。」

當然，管理報表是每個公司的機密，不能在此公開，因此本書使用財務報表來告訴讀者，如何透過財務數字了解一家公司，進而做為有效經營企業或選擇投資標的的參考。同時，全書會以台積電的財務報表做為範例，以宏觀與微觀的角度深入解析台積電創辦人張忠謀所強調的：乾淨的資產負債表、結構性的獲利能力、穩定的現金流量，以評判一家績效卓越的公司，其財務報表應該隱含的細節。

除了公司的財務狀況、經營績效等「量化指標」，其實財務報表也會呈現公司的產業特性、企業文化，甚至經營者的想法與經營力度等「質化指標」。但要如何解讀這些跡象呢？如果你不熟悉標的公司的產業生態，我的建議是必須要有「對照公司」，藉由和對照公司相同科目的數字相互比較，才能知道標的公司的好壞。

對照公司最好選擇該產業的標竿企業，如果覺得標竿企業與標的公司的差距太大，就找同一個產業內規模差不多的企業來比較，這樣你在看數字的時候才會「有感」，並從中找到「意義」。

以台積電為例，照理說要找一家跟它同等位階的企業來參照，可是全世界找不到與台積電規模相當的專業晶圓代工公司，因此我們只好找同為業界前五大的格芯（舊譯格羅方德）、聯電、中芯及世大，當作對照公司。後續章節中，我們所用的同業資訊，也會以上述公司的企業財報數據做為比較。

公開發行企業財報取得方式

只要是公開發行的公司，每年都會出兩份財務報表，一份是半年報，一份是年報。至於上市上櫃公司，則是每一季都會公佈季報，一年會有四份財務報表。這些財務報表都可以從「公開資訊觀測站」網站取得。

Step 1：上「公開資訊觀測站」網站，

點選①「基本資料」→②「電子書」→③「財務報告書」

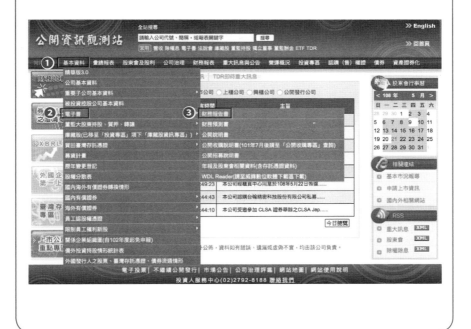

Step 2：輸入④「公司代號或簡稱」以及 ⑤「年度」，

再點 ⑥「查詢」

Step 3：跳出頁面如下，選擇讀者所需的資料季度，

點選「電子檔案」即可下載

電子資料查詢作業

公司名稱：台積電
會計期間：曆年制

財務報告書(補)正：為該公司最近一次更
補正資訊，詳公司歷次 更補正資訊，請
至「財務報告更(補)正 查詢作業」查詢

證券代號	資料年度	資料類型	結案類型	性質	資料細節說明	備註	電子檔案	檔案大小	上傳日期	財務報告(補)正
2330	107 年 第一季	財務報告書			IFRSs合併財報		201801_2330_AI1.pdf	7,676,846	107/05/02 16:37:24	無
2330	107 年 第一季	財務報告書			IFRSs英文版-合併財報		201801_2330_AIA1.pdf	8,835,942	107/05/02 16:44:41	無
2330	107 年 第二季	財務報告書			IFRSs合併財報		201802_2330_AI1.pdf	3,939,922	107/08/14 14:35:38	無
2330	107 年 第二季	財務報告書			IFRSs英文版-合併財報		201802_2330_AIA.pdf	8,012,564	107/08/14 14:36:26	無
2330	107 年 第三季	財務報告書			IFRSs合併財報		201803_2330_AI1.pdf	3,842,266	107/11/13 18:48:15	無
2330	107 年 第三季	財務報告書			IFRSs英文版-合併財報		201803_2330_AIA.pdf	2,569,060	107/11/13 18:48:33	無
2330	107 年 第四季	財務報告書			IFRSs合併財報		201804_2330_AI1.pdf	6,866,308	108/02/22 16:15:30	無
2330	107 年 第四季	財務報告書			IFRSs個體財報		201804_2330_AI3.pdf	6,328,464	108/02/22 16:14:51	無
2330	107 年 第四季	財務報告書			IFRSs英文版-合併財報		201804_2330_AIA.pdf	3,091,471	108/02/22 16:15:52	無
2330	107 年 第四季	財務報告書			IFRSs英文版-個體財報		201804_2330_AIC.pdf	3,433,020	108/02/22 16:15:13	無

採非曆年制者，財務報告有公告期限，請參閱公司基本資料

倘無法順利開啟電子檔案，請注意電腦是否已具備相關閱讀檔軟體
Adobe reader建議安裝8.0(含)以上

評估企業的
真實身價

──從宏觀角度看懂「資產負債表」

900

327

450

656

40

40

080

30.5

900

資產負債表、損益表、現金流量表，是會計常用的三大表。資產負債表是利用會計平衡原則，將合乎會計原則的資產、負債、股東權益，經過會計程序後，以特定日期的靜態企業情況為基準，濃縮成一張報表。

資產負債表的基本概念

我們常常聽到媒體報導某個知名企業家的「身價或身家幾百億」，這種泛泛的敘述往往禁不起考驗，因為並沒有具體說明此人到底有多少資產、多少負債。

要了解一個企業家的「身價」，必須要知道這位企業家到底有多少財產與多少負債。換句話說，我們必須要編製一張這位企業家的資產負債表。同樣的，要了解一家公司的「身價」，也要編製一張這家公司的資產負債表。

以個人的資產負債表為例，從圖 2-1 了解資產負債表的基本架構。我們可以看出，左半部為「你擁有什麼財產」，其中包括現金及銀行存款（包括口袋裡的現金及銀行裡的存款）、各種投資（包括股票、債券及各種基金），還有各種動產如車子、不動產如房地產。把這些可以衡量的財產加總起來，就是個人的「總財產」。

不過，這些財產並不代表都是你自己賺來的，基本上你的財產來源有二，包括「借來的」與「自己擁有的」。比如說買車子

圖 2-1　個人資產負債表架構圖

你擁有什麼財產	你如何擁有這些財產
現金及銀行存款 各項投資 動產：車子 不動產：房地產	**借來的：** 　銀行貸款 　民間借款 **自己擁有的：** 　父母給的 　自己賺的

財產＝借來的＋自己的

與買房子的錢可能有部分是跟銀行貸款而來，或是有些人會運用民間標會、或是向父母及朋友的借款而來。

　　也就是說，你的財產不見得就是你真正的身價。「財產」與「真正的身價」二者之所以不對等，這中間的差異，就是你的財產有一部分的來源是透過借貸而來的，也就是「借來的」財產。

　　我們把「總財產」減去「借來的」財產，就是真正的「淨財產」，也就是「自己擁有的」財產，其中包括自己透過各種方式賺來的，以及父母給你（如繼承）的財產。因此，一個人的資產負債表，左半部是一個人的總財產，右半部就是這些財產的來源，包括「借來的」財產放右上方，「自己擁有的」財產放右下方，

可以得出「總財產＝借來的＋自己擁有的」之恆等式。

　　所以當下次再有報導說，某企業家有多少「身價」時，讀者一定要釐清，這是指他經營的企業總財產或是企業的總市值（每股股價 × 總股數）？抑或是他個人所擁有的總財產？還是他個人擁有的淨財產（總財產 − 借來的錢）？從個人資產負債表的概念延伸至企業，在個人稱之為「財產」，會計上則稱之為一家公司的「資產」。每家公司都有資產負債表，左半部為「資產」，右半部上方為「借來的」，也就是「負債」；右半部下方為「自己擁有的」，也就是「股東權益」。

　　曾有人提出疑問，那為何稱之為「資產負債表」，而不是「資產、負債及股東權益表」呢？我們可以這樣解釋，在企業經營上，跟股東拿的錢最終也是要還的，亦即公司的所有財產都是要還的，不是還給債主（銀行）就是還給股東，因此以企業角度來看，資產負債表左半部為「資產」，右半部皆為「負債」。

何謂「資產」？

　　我們簡化台積電 2018 年資產負債表，以表 2-2 和表 2-3 來看看台積電這家企業的真實「身價」是多少。表 2-2 顯示的是台積電這家企業的各種資產，這些資產加起來稱為「資產總額」，位於資產負債表的左半部。

表 2-1　台積電 2017~2018 年資產負債表

台灣積體電路製造股份有限公司及子公司
合併資產負債表

單位：新台幣仟元

資產

會計項目	2018.12.31 金額	%	2017.12.31 金額	%
流動資產				
現金及約當現金	577,814,601	28	553,391,696	28
透過損益按公允價值衡量之金融資產	3,504,590	0	569,751	0
透過其他綜合損益按公允價值衡量之金融資產	99,561,740	5	0	0
備供出售金融資產	0	0	93,374,153	5
持有至到期日金融資產	0	0	1,988,385	0
按攤銷後成本衡量之金融資產	14,277,615	1	0	0
避險之衍生金融資產	0	0	34,394	0
避險之金融資產	23,497	0		
應收票據及帳款淨額	128,613,391	6	121,133,248	6
應收關係人款項	584,412	0	1,184,124	0
其他應收關係人款項	65,028	0	171,058	0
存貨	103,230,976	5	73,880,747	4
其他金融資產	18,597,448	1	7,253,114	0
其他流動資產	5,406,423	0	4,222,440	0
流動資產合計	951,679,721	46	857,203,110	43
非流動資產				
透過其他綜合損益按公允價值衡量之金融資產	3,910,681	0	0	0
持有至到期日金融資產	0	0	18,833,329	1
按攤銷後成本衡量之金融資產	7,528,277	0	0	0
以成本衡量之金融資產	0	0	4,874,257	0
採用權益法之投資	17,865,838	1	17,861,488	1
不動產、廠房及設備	1,072,050,279	51	1,062,542,322	53
無形資產	17,002,137	1	14,175,140	1
遞延所得稅資產	16,806,387	1	12,105,463	1
存出保證金	1,700,071	0	1,283,414	0
其他非流動資產	1,584,647	0	2,983,120	0
非流動資產合計	1,138,448,317	54	1,134,658,533	57
資產總額	2,090,128,038	100	1,991,861,643	100

負債、股東權益

會計項目	2018.12.31 金額	%	2017.12.31 金額	%
流動負債		0		0
短期借款	88,754,640	4	63,766,850	3
透過損益按公允價值衡量之金融負債	40,825	0	26,709	0
避險之衍生金融負債	0	0	15,562	0
避險之金融負債	155,832	0	0	0
應付帳款	32,980,933	2	28,412,807	1
應付關係人款項	1,376,499	0	1,656,356	0
應付薪資及獎金	14,471,372	1	14,254,871	1
應付員工酬勞及董監酬勞	23,981,154	1	23,419,135	1
應付工程及設備款	43,133,659	2	55,723,774	3
本期所得稅負債	38,987,053	2	33,479,311	2
負債準備	0		13,961,787	1
一年內到期長期負債	34,900,000	2	58,401,122	3
應付費用及其他流動負債	61,760,619	3	65,588,396	3
流動負債合計	340,542,586	17	358,706,680	18
非流動負債		0		
應付公司債	56,900,000	3	91,800,000	5
遞延所得稅負債	233,284	0	302,205	0
淨確定福利負債	9,651,405	0	8,850,704	1
存入保證金	3,353,378	0	7,586,790	0
其他非流動負債	1,950,989	0	1,855,621	0
非流動負債合計	72,089,056	3	110,395,320	6
負債合計	412,631,642	20	469,102,000	24
歸屬於母公司業主之權益				
普通股股本	259,303,805	12	259,303,805	13
資本公積	56,315,932	3	56,309,536	3
保留盈餘				
法定盈餘公積	276,033,811	13	241,722,663	12
特別盈餘公積	26,907,527	1	0	0
未分配盈餘	1,073,706,503	52	991,639,347	
保留盈餘合計	1,376,647,841	66	1,233,362,010	
其他權益	-15,449,913	-1	-26,917,818	
歸屬於母公司業主之權益合計	1,676,817,665	80	1,522,057,533	76
非控制權益	678,731	0	702,110	0
權益合計	1,677,496,396	80	1,522,759,643	76
負債及權益總計	2,090,128,038	100	1,991,861,643	100

資料來源：公開觀測資訊站

2018 年台積電的資產總額為 2 兆 901 億（這麼高的金額，有沒有嚇你一跳？），其中又分「流動資產」與「非流動資產」。

流動資產：

流動資產是指企業可以在一年或一個營業周期內，變換成現金的資產，比如「應收帳款」會在一年內收回，「存貨」會在一年內投入生產、出售，最終化為現金被收回來。以台積電來看，2018 年底存貨有 1,032 億元，但這些存貨該公司會在一年內投入生產，生產完畢變成晶片之後賣給客戶，並且向客戶收錢。所以正常情況下，一年之內這些存貨也都會變成現金。

從表 2-2 來看，台積電 2018 年流動資產總數為 9,517 億元。

非流動資產：

非流動資產是指一年或一個營業週期內，不能轉變成現金的資產，比如台積電 2018 年的不動產、廠房及設備高達 1 兆 721 億元，但這些資產不會在一年內賣掉變為現金，既然一年內不會變成現金，因此被列入非流動資產。

從表 2-2 來看，台積電 2018 年非流動資產是 1 兆 1,384 億元。

表 2-2　資產負債表左半部：資產

台積電 2017~2018 合併資產負債表摘要 單位：新台幣仟元			1. 流動資產是指企業可以在一年或一個 　 營業週期內，變換成現金的資產。 2. 非流動資產是指一年或一個營業週期 　 內，不能轉變成現金的資產。		
會計項目	2018.12.31			2017.12.31	
	金額	%		金額	%
流動資產					
現金及約當現金	577,814,601	28		553,391,696	28
透過損益按公允價值衡量之金融資產	3,504,590	0		569,751	0
透過其他綜合損益按公允價值衡量之金融資產	99,561,740	5		0	0
備供出售金融資產	0	0		93,374,153	5
持有至到期日金融資產	0	0		1,988,385	0
按攤銷後成本衡量之金融資產	14,277,615	1		0	0
避險之衍生金融資產	0	0		34,394	0
避險之金融資產	23,497	0		0	0
應收票據及帳款淨額	128,613,391	6		121,133,248	6
應收關係人款項	584,412	0		1,184,124	0
其他應收關係人款項	65,028	0		171,058	0
存貨	103,230,976	5		73,880,747	4
其他金融資產	18,597,448	1		7,253,114	0
其他流動資產	5,406,423	0		4,222,440	0
流動資產合計	951,679,721	46		857,203,110	43
非流動資產					
透過其他綜合損益按公允價值衡量之金融資產	3,910,681	0		0	0
持有至到期日金融資產	0	0		18,833,329	1
按攤銷後成本衡量之金融資產	7,528,277	0		0	0
以成本衡量之金融資產	0	0		4,874,257	0
採用權益法之投資	17,865,838	1		17,861,488	1
不動產、廠房及設備	1,072,050,279	51		1,062,542,322	53
無形資產	17,002,137	1		14,175,140	1
遞延所得稅資產	16,806,387	1		12,105,463	1
存出保證金	1,700,071	0		1,283,414	0
其他非流動資產	1,584,647	0		2,983,120	0
非流動資產合計	1,138,448,317	54		1,134,658,533	57
資產總額	2,090,128,038	100		1,991,861,643	100

資料來源：公開觀測資訊站，作者彙整

何謂「負債」？

　　表 2-3 是台積電的負債與股東權益，負債置於資產負債表右半部上方，股東權益則在右半部下方。其中包括：

流動負債：

　　流動負債是指必須在一年內償還的負債。以台積電來看，2018年底積欠廠商的應付帳款是 330 億元，向銀行舉借的短期借款有 888億元。從表 2-3 來看，台積電 2018 年底的流動負債總數是 3,405 億元。

非流動負債：

　　非流動負債是指不需要在一年內償還的負債。比如 2018 年底台積電有 569 億元的應付公司債，是不需要在 2019 年度內還錢的。從表 2-3 來看，台積電 2018 年底的非流動負債總數是 721 億元，負債合計為 4,126 億元。

股東權益：

　　股東權益的科目很多，主要科目為以下三者：

1. 股本：

　　所有上市櫃公司的股票，除了 F 股外，每一股的面額都是 10

大會計師教你
從財報數字看懂經營本質

表 2-3　資產負債表右半部：負債＋股東權益

台積電 2017~2018 合併資產負債表摘要 單位：新台幣仟元	1. 流動負債：必須在一年內償還的負債。 2. 非流動負債：不需在一年內償還的負債。			
	2018.12.31		**2017.12.31**	
會計科目	金額	%	金額	%
流動負債		0		0
短期借款	✓ 88,754,640	4	63,766,850	3
透過損益按公允價值衡量之金融負債	40,825	0	26,709	0
避險之衍生金融負債	0	0	15,562	0
避險之金融負債	155,832	0	0	0
應付帳款	✓ 32,980,933	2	28,412,807	1
應付關係人款項	1,376,499	0	1,656,356	0
應付薪資及獎金	14,471,372	1	14,254,871	1
應付員工酬勞及董監酬勞	23,981,154	1	23,419,135	1
應付工程及設備款	43,133,659	2	55,723,774	3
本期所得稅負債	38,987,053	2	33,479,311	2
負債準備	0	0	13,961,787	1
一年內到期長期負債	34,900,000	2	58,401,122	3
應付費用及其他流動負債	61,760,619	3	65,588,396	3
流動負債合計	✓ 340,542,586	17	358,706,680	18
非流動負債		0		0
應付公司債	56,900,000	3	91,800,000	5
遞延所得稅負債	233,284	0	302,205	0
淨確定福利負債	9,651,405	0	8,850,704	1
存入保證金	3,353,378	0	7,586,790	0
其他非流動負債	1,950,989	0	1,855,621	0
非流動負債合計	✓ 72,089,056	3	110,395,320	6
負債合計	412,631,642	20	469,102,000	24
歸屬於母公司業主之權益				
普通股股本	259,303,805	12	259,303,805	13
資本公積	56,315,932	3	56,309,536	3
保留盈餘				
法定盈餘公積	276,033,811	13	241,722,663	12
特別盈餘公積	26,907,527	1	0	0
未分配盈餘	1,073,706,503	52	991,639,347	49
保留盈餘合計	1,376,647,841	66	1,233,362,010	61
其他權益	-15,449,913	-1	-26,917,818	-1
歸屬於母公司業主之權益合計	1,676,817,665	80	1,522,057,533	76
非控制權益	678,731	0	702,110	0
權益合計	1,677,496,396	80	1,522,759,643	76
負債及權益總計	2,090,128,038	100	1,991,861,643	100

股東權益的科目主要為以下三者：股本、保留盈餘、資本公積。

企業的資產總額並非全部都是股東所有，必須把「資產」減掉「負債」才會等於「股東權益」。

資料來源：公開觀測資訊站，作者彙整

元，將發行股數乘上 10 元就是股本。2018 年台積電流通在外的股數，就是把帳上股本 2,593 億元除以 10 元，就能得出台積電發行超過 259 億股在外。

>590 萬張

2. 資本公積：

資本公積包括「溢價增資」與直接計入資本公積的交易。溢價增資是指，台積電某年增資時，股票面額是 10 元，若當年增資時是用 1 股 30 元增資，其中 10 元是股本，20 元就列入資本公積。至於直接計入資本公積的交易一般都不大，通常可以忽略。以台積電為例，2018 年度資本公積是 563 億元。

股東權益中還有兩個科目，一個是「其他權益」，一個是「非控制權益」，這兩個科目的金額一般都不大，讀者亦不必深究。

3. 保留盈餘：

保留盈餘是指企業當年度所賺的錢，再加上歷年來賺取，因法律規定或公司股利政策而沒有發給股東的盈餘。以台積電為例，2018 年度稅後淨利是 3,512 億元，再加上過去沒有發給股東或依法必須保留的盈餘 1 兆 254 億元，共計 1 兆 3,766 億元。

表 2-4　台積電 2018 年的資產與負債

資產	負債
流動資產　：9,517 億元	流動負債　：3,405 億元
非流動資產：1 兆 1,384 億元	非流動負債：721 億元
資產總額　：2 兆 901 億元	**負債合計　：4,126 億元**
	股東權益
	權益合計　：1 兆 6,775 億元

　　一家企業的資產總額並非全部都是股東所有，所以我們必須把「資產」減掉「負債」才會等於「股東權益」，從表 2-4 可看出台積電 2018 年底的股東權益有 1 兆 6,775 億元。

從宏觀角度看資產負債表

　　我們可以從一間公司的資產負債表，看出這家企業的資產負債是否有適當的布局、是否發揮應有的效益、經營者的經營力度、經營者及其大股東的風險偏好與財務強度，甚至可以看出經營者的心態與公司文化等。讀者心裡一定會想：這是真的嗎？是真的！為了要讓讀者藉由閱讀財務報表看出「企業真相」，我就帶大家從宏觀角度與微觀角度來看公司的資產負債表。

　　宏觀就是從資產負債表的大數字來看整體面，微觀就是從個

別科目來判定細微面。以下從宏觀角度的七個標準，來說明如何判讀一家公司的狀況，並以台積電的資產負債表為例，從宏觀的角度來解讀財報數字透露的秘密。

標準一：從「資產總額」看出企業影響力

企業擁有的資產愈多，表示擁有及使用社會的資源就愈多，在政治與經濟上會擁有較大的影響力。當資產總額大到一定程度時，往往會因為太大，以致大到不能倒。2008 年金融海嘯之時，美國政府就因此出手解救眾多的美國銀行及壽險公司；又如台灣近十年多來，許多保險公司經營不善，而必須由政府界入處理，如國華人壽、幸福人壽等，無非就是這些企業擁有太多社會資源所致。

在產業界，企業擁有的資產愈多，透過規模經濟以及社會地位的加持，其競爭力「通常」會強過規模較小的公司。例如台積電的資產總額達兩兆元，是中芯、聯電的五至六倍大，所擁有的現金足以一口氣買下這兩家公司，其每股獲利能力也非這兩家公司所能比擬。規模優勢現象在成熟型產業會特別明顯。

由於規模大有競爭上的優勢，外資的投資標的一般都是鎖定各產業龍頭。以 2018 年下半年股市為例，雖然台股指數維持在 10,000 點以上，但很多中小型股的股價都已跌落到股市 7,000 點以下的價格。之所以台股大盤指數不跌，主要都是台積電等龍頭

股支撐，甚至逆勢上漲所致。

但規模優勢有時也會有例外，比如一家企業同時橫跨數個產業，每項業務在特定產業內的規模可能都不夠大，再加上力量分散、核心競爭力不明顯，以致經營績效不佳。例如美國 GE 公司和台灣的大同公司都是跨足太多產業、核心競爭力失焦，以致經營績效不佳的典型案例。

標準二：從「資產比重高」項目看出產業特性與競爭力

從「資產比重比較高」的項目，可以看出一個公司的產業特性跟競爭強度。不過，產業不同，資產負債表中比重較高的科目也不同，例如經營銀行業的中信銀，主要資產是「貼現」及「放款」；經營零售業的統一超，主要資產在「現金」及「存貨」；從事 3C 產品代工的鴻海，主要資產是「現金」、「應收帳款」及「存貨」；電動遊戲業的智冠，資產最高的項目是「應收帳款」、「其他應收款」與「現金」。

投資者可從這些主要科目，分析其在產業中的競爭強度。

以台積電為例，台積電 2018 年底總財產 2 兆 901 億元，其中資產總額最高的會計科目是「不動產、廠房及設備」，為 1 兆 721 億元，占所擁有資產的 51％；其二為「現金及約當現金」5,778 億，占所擁有資產的 28％，兩者加起來占資產總額 79％。

晶圓代工屬於高度資本與技術密集產業，建設一座 12 吋晶圓廠需要高達 30 億美元左右，而且奈米製程每前進一步，都要花費龐大的研發支出，並購買極其昂貴的先進設備。台積電超過一兆元、占總資產一半以上的「不動產、廠房及設備」，就充分顯示出晶圓代工的產業特性，的確就是資本與技術密集。

從表 2-5 中，我們除了列出台積電的資產比重，也列出其同業相關數據作為比較，由此可看出台積電的產業競爭力。觀察台積電的同業資產比重，其「不動產、廠房及設備」的金額為 1,728 億元。兩者相較，台積電的「不動產、廠房及設備」資產為同業的六倍，顯見台積電在規模上大幅領先同業。

再看台積電的「現金及約當現金」高達 5,778 億元，同業僅為 837 億元。兩者相較，台積電為同業的七倍，高出甚多。公司手上持有較多現金有利於度過不景氣，甚至在不景氣的時候也有錢加碼投資，成為未來超越競爭對手的關鍵，因此也是觀察產業競爭力的重要指標。

台灣的 DRAM 產業之所以被三星打敗，主要是因為三星每逢 DRAM 景氣處於谷底時就砸錢從事研發及擴產，台灣企業因為規模小、資金有限，無法投入大把金錢從事研發及擴產，因此在幾次景氣循環之後，技術和規模就被三星遠遠甩在後面，以致台灣幾個 DRAM 公司不是倒閉，就是被國外企業購併。

綜合以上分析，我們可以看到台積電的「不動產、廠房及設

表 2-5 台積電與同業的資產比重

台積電 2017~2018 合併資產負債表摘要 單位：新台幣仟元	從「資產比重較高」的項目，可以看出公司的產業特性跟競爭強度。			
會計項目	2018.12.31		2017.12.31	
	金額	%	金額	%
流動資產				
現金及約當現金	577,814,601	28	553,391,696	28
透過損益按公允價值衡量之金融資產	3,504,590	0	569,751	0
透過其他綜合損益按公允價值衡量之金融資產	99,561,740	5	0	0
備供出售金融資產	0	0	93,374,153	5
持有至到期日金融資產	0	0	1,988,385	0
按攤銷後成本衡量之金融資產	14,277,615	1	0	0
避險之衍生金融資產	0	0	34,394	0
避險之金融資產	23,497	0	0	0
應收票據及帳款淨額	128,613,391	6	121,133,248	6
應收關係人款項	584,412	0	1,184,124	0
其他應收關係人款項	65,028	0	171,058	0
存貨	103,230,976	5	73,880,747	4
其他金融資產	18,597,448	1	7,253,114	0
其他流動資產	5,406,423	0	4,222,440	0
流動資產合計	951,679,721	46	857,203,110	43
非流動資產				
透過其他綜合損益按公允價值衡量之金融資產	3,910,681	0	0	0
持有至到期日金融資產	0	0	18,833,329	1
按攤銷後成本衡量之金融資產	7,528,277	0	0	0
以成本衡量之金融資產	0	0	4,874,257	0
採用權益法之投資	17,865,838	1	17,861,488	1
不動產、廠房及設備	1,072,050,279	51	1,062,542,322	53
無形資產	17,002,137	1	14,175,140	1
遞延所得稅資產	16,806,387	1	12,105,463	1
存出保證金	1,700,071	0	1,283,414	0
其他非流動資產	1,584,647	0	2,983,120	0
非流動資產合計	1,138,448,317	54	1,134,658,533	57
資產總額	2,090,128,038	100	1,991,861,643	100

2018：5,778 億
（同業 837 億）

2017：5,534 億
（同業 817 億）

2018：10,721 億
（同業 1,728 億）

2017：10,625 億
（同業 2,057 億）

資料來源：公開觀測資訊站，作者彙整

備」與「現金及約當現金」的金額龐大、遠遠超過同業，顯示其產業競爭力很強。另外兩者加起來占資產總額 79％，顯示台積電的資產決大多數與營運相關，有關這部份我們會在「標準三」中詳細說明。

標準三：從「資產配置」看公司經營理念

企業的資產項目中，製造業日常經營最重要的項目有四個。第一個是「設備」，有設備才能生產；第二是「現金」，有足夠的現金才能做靈活的調度；第三是「應收帳款」，代表銷貨後客戶還未給付的貨款；四是「存貨」，有適當的原材料及製成品庫存，才能確保生產不中輟，並能即時應付客戶的訂單。

設備、存貨、應收帳款和現金代表製造業的完整循環。如果企業的資產配置大部分是這些資產，表示這家公司是比較健康的。從表 2-6 台積電的資產負債表可看出，2018 年這四個科目加起來達台積電當年度資產總額的 90％，較同業 82％要高，表示台積電的資產大部分為營運所需。

有人認為各項短期性投資是企業將多餘的現金，進行投資以獲取報酬的手段，它們是現金的延伸，應該也可以歸類為營運所必須的資產。以我多年觀察，很多短期性投資往往提供給銀行作為借款的抵押品。一些公司的短期性投資往往一擺就數年不動，那當初為何要投資？

表 2-6 台積電的資產配置

台積電 2017~2018 合併資產負債表摘要 單位：新台幣仟元	製造業日常經營最重要的項目有四個： 設備、現金、應收帳款、存貨。			
會計項目	**2018.12.31**		**2017.12.31**	
	金額	%	金額	%
流動資產				
① 現金及約當現金	577,814,601	28	553,391,696	28
透過損益按公允價值衡量之金融資產	3,504,590	0	569,751	0
其他綜合損益按公允價值衡量之金融資產	99,561,740	5	0	0
備供出售金融資產	0	0	93,374,153	5
持有至到期日金融資產	0	0	1,988,385	0
按攤銷後成本衡量之金融資產	14,277,615	1	0	0
避險之衍生金融資產	0	0	34,394	0
避險之金融資產	23,497	0	0	0
② 應收票據及帳款淨額	128,613,391	6	121,133,248	6
應收關係人款項	584,412	0	1,184,124	0
其他應收關係人款項	65,028	0	171,058	0
③ 存貨	103,230,976	5	73,880,747	4
其他金融資產	18,597,448	1	7,253,114	0
其他流動資產	5,406,423	0	4,222,440	0
流動資產合計	951,679,721	46	857,203,110	43
非流動資產				
透過其他綜合損益按公允價值衡量之金融資產	3,910,681	0	0	0
持有至到期日金融資產	0	0	18,833,329	1
按攤銷後成本衡量之金融資產	7,528,277	0	0	0
以成本衡量之金融資產	0	0	4,874,257	0
採用權益法之投資	17,865,838	1	17,861,488	1
④ 不動產、廠房及設備	1,072,050,279	51	1,062,542,322	53
無形資產	17,002,137	1	14,175,140	1
遞延所得稅資產	16,806,387	1	12,105,463	1
存出保證金	1,700,071	0	1,283,414	0
其他非流動資產	1,584,647	0	2,983,120	0
非流動資產合計	1,138,448,317	54	1,134,658,533	57
資產總額	2,090,128,038	100	1,991,861,643	100
以 2018 年為例：①＋②＋③＋④			台積電 90%（18,823 億）	
			同 業 82%（2,986 億）	

資料來源：公開觀測資訊站，作者彙整

擺到現在到底是賣不掉，還是不願賣？或是單純美化流動資產金額？其實沒人知道！譬如台積電持有的大陸中芯半導體股票，放在流動資產裡數年，為什麼至今還沒有賣完？

因此，以觀察公司營運的角度來解讀財報數字，我不會將短期性投資歸類為營運所需。

不過，若是讀者了解標的公司甚深，將沒有充當銀行借款抵押品的短期理財性投資列為營運所需也是可以的。例如除了中芯等少數股票以外，台積電的短期理財性投資大部份都是以賺取利息為主的各種政府及公司債券，絕對可以歸類為營運所需。

另外，除了「設備」、「現金」、「應收帳款」、「存貨」以外的其他會計科目，並不是全都非營運所需，只是這些科目的存在對企業日常的營運活動助益不大。這些資產占比愈少，表示企業的資產愈乾淨，愈紮實！比如有些公司的無形資產是商譽或客戶關係，這種資產大多係因企業併購而產生，都是被會計認可的資產，但是這種資產看不到、摸不著，是屬於比較「虛」的資產。這種科目也與日常經營無關，金額愈小愈好。

以表 2-7，代工牛仔褲的如興（4414）財報數字為例。

如興在 2018 年底財報重編前的資產有 263 億元，其中有將近 80 億為無形資產，這是因為如興在 2017 年以約 100 億元併購大陸公司玖地，但玖地的淨有形資產只有約 20 億元，因而產生約 80 億元的無形資產出來。

表 2-7 如興 2018 年的「資產」檢視

如興 2017~2018 重編前合併資產負債表摘要 單位：新台幣仟元			「其他應收帳款」、「預付款項」、「待出售非流動資產」及「無形資產」，合計超過 120 億元，皆非日常營運所需。	
資產 **會計項目**	**2018.12.31**		**2017.12.31**	
	金額	**%**	**金額**	**%**
流動資產				
現金及約當現金	1,428,184	5	2,972,486	12
透過損益按公允價值衡量之金融資產－流動	10,355	-	-	-
按攤銷後成本衡量之金融資產－流動	1,776,157	7	-	-
無活絡市場之債務工具投資－流動	-	-	1,150,314	5
應收帳款淨額	2,920,217	11	2,942,836	12
其他應收款	**1,090,304**	**4**	**990,213**	**4**
其他應收款－關係人	158	-	101,423	-
存貨	3,848,069	15	3,990,507	15
預付款項	**1,472,014**	**6**	**1,262,161**	**5**
待出售非流動資產	**1,562,683**	**6**	**17,848**	**-**
其他流動資產	2,710	-	2,245	-
流動資產合計	14,110,851	54	13,430,033	53
非流動資產				
透過損益按公允價值衡量之金融資產－非流動	170,000	1	-	-
無活絡市場之債務工具投資－非流動	-	-	170,000	1
採用權益法之投資	52,254	-	59,401	-
不動產、廠房及設備	3,235,240	12	3,063,000	12
投資性不動產	109,138	-	-	-
無形資產	**8,011,975**	**30**	**8,241,204**	**33**
遞延所得稅資產	5,104	-	1,169	-
預付設備款	399,781	2	17,323	-
存出保證金	196,282	1	226,513	1
長期應收款－關係人	48,028	-	34,428	-
預付投資款	-	-	4,487	-
長期預付租金	9,124	-	9,545	-
非流動資產合計	12,236,926	46	11,827,070	47
資產總計	26,347,777	100	25,257,103	100

資料來源：公開觀測資訊站，作者彙整

另外，伴隨玖地這項併購及其他併購案，如興財報中又多出超過 40 億元的「其他應收款」、「預付款項」及「待出售非流動資產」。這三個科目餘額都是同業沒有的或金額很少的。以如興 2018 年重編前財報數字來看，「其他應收款」、「預付款項」、「待出售非流動資產」以及「無形資產」加起來約為 121 億元，這些非日常營運所需的資產占比過高，表示公司可用來日常營運的資產，比擁有同樣資產規模的同業來得少，這也代表企業資產體質「虛胖」，並不是真正的強健。

標準四：從「資產運用效能」觀察企業賺錢能力

「資產運用效能」是指一塊錢的財產能做幾塊錢的生意。因此，資產運用效能對企業來說，就像餐廳的翻桌率一樣，當然是愈高愈好。

其計算公式是：

$$\frac{年營收總額}{平均資產總額}$$

平均資產總額指的是：（**期初資產總額＋期末資產總額**）／ 2

資產運用效能受三個因素的影響。一是產業別的影響，通常而言，買賣業在不動產、廠房及設備的投資較製造業低，其一塊錢的財產可以比製造業做較多的生意。例如，買賣業中的統一超，2018 年度一塊錢的財產可以做到 1.83 元的生意，一般製造業的鴻海，同年度的數字是 1.56 元，自然統一超的資產運用效能較鴻海

為佳。同理，一般製造業的資產運用效能又比資本與技術密集的製造業高。因此對比於鴻海的 1.56 元，高度資本與技術密集的台積電只有 0.51 元。

二是受到經營團隊的經營力度影響，也就是人才、技術、良率、速度以及日常管理措施等綜合效能如何發揮。例如相較於台積電的 0.51 元，其同業的數字是 0.40 元，顯示同為高度資本與技術密集，但台積電的經營力較佳，因此提高了其資產運用效能。

三是企業資產為營運所需百分比的影響，與正常營運無關的資產愈少，資產運用效能就愈高。

例如從事牛仔褲生產的如興，因為太多資產與正常營運無關，其 2018 年資產運用效能是 0.67 元，而同業年興則是 0.84 元。

我們從表 2-8 來看，台積電的運用效能是 0.51 元，看似不佳，但別忘了晶圓代工是資本與技術密集產業，千萬不要拿這個數字去和統一超或是鴻海比，而是應與格芯、聯電或中芯等同業相比。我們以台積電的同業一塊錢只能做 0.40 元生意來看，顯示台積電的資產運用效能在該產業中相當好。

標準五：從「流動比率」衡量企業短期風險

流動資產是指一年或一個營業週期內會變為現金的資產總額，流動負債是指一年或一個營業週期內必須償還的負債總額。

表 2-8　不同產業之資產運用效能

企業	2018 營收 （A）	2018 平均總資產 （B）	營運效能 （A/B）
統一超	2,449 億	1,338 億	1.83 元
鴻海	52,938 億	33,943 億	1.56 元
台積電	10,315 億	20,410 億	0.51 元
台積電同業	1,513 億	3,794 億	0.40 元
如興	174 億	258 億（重編前）	0.67 元
年興	88 億	104 億	0.84 元

資料來源：公開觀測資訊站，作者彙整

　　一個財務健全的公司，除非行業非常特殊，其流動資產總額都會大於流動負債。因此從「流動資產／流動負債」之比率，又稱流動比率，可以判定一家公司在短期內是否有財務風險。

　　基本上，除非是特殊產業，例如電廠、港埠等企業，大部份產業的企業流動比率超過 150％較佳，超過 120％尚可，低於110％就是拉警報了。至於，當流動比率低於 100％時，表示企業的償債能力可能有疑慮，這時借款銀行會非常緊張，可能會要求公司立即改善，否則新增借款會出現問題，甚至會收縮原有貸款。

　　因為流動比率過低暗示公司有財務危機，對於投資人來說，若發現此徵兆宜伺機出場，也可進一步參閱第三章「從短期負債科目看還款壓力」，以決定應否立刻忍痛出場。

　　若公司多年來流動比率相當高，表示公司可調動的資金充

裕，可適當多發放股利給股東。從表 2-9 可看到，台積電的流動比率很高，優點是資金充裕、經營穩健，缺點是資金運用效能並不突出。

台積電決定從 2019 年起股息調升至 10 元，在不損及安全的流動比率下提高資金運用效能以外，還可以維護股價、提高資產營運效能、提高 ROE，就財務管理來說，是非常明智的決定。

標準六：從「負債比率」觀察風險偏好與財務強度

負債比率即負債占總資產之比重，其公式為「負債 / 總資產」。如果產業景氣波動大，企業負債比率以不宜超過五成，低於四成更佳；至於景氣波動小的產業，其負債比率以不宜超過六成，維持在五成以內更佳。唯一例外就是受到政府保護的產業或企業，例如電廠、港埠、電信等，可以有較高負債比例到七成，但再高也不宜了。

負債比率低，雖然代表其經營風險較低，但也可能影響公司的獲利能力，因為這同時也代表公司沒有充分運用外部資金（如銀行借款），來幫助股東賺更多錢。因此負債比率偏低，就獲利能力而言未必是好的。反之，如果企業不向股東拿錢，而透過大量借貸來維持營運，雖然可以幫股東賺更多錢，但一旦景氣反轉，企業獲利率低於銀行借款利率，不但會損傷股東獲利，甚至會因負債比率上升，而危及企業生存。

表 2-9　流動比率高，代表資金充裕

台積電 2017~2018 合併資產負債表摘要 單位：新台幣仟元	流動比率可判定企業短期內是否有財務風險： 1. 過低不利於償債能力 2. 過高不利於資金運用			
會計項目	2018.12.31		2017.12.31	
	金額	%	金額	%
流動資產				
現金及約當現金	577,814,601	28	553,391,696	28
透過損益按公允價值衡量之金融資產	3,504,590	0	569,751	0
透過其他綜合損益按公允價值衡量之金融資產	99,561,740	5	0	0
備供出售金融資產	0	0	93,374,153	5
持有至到期日金融資產	0	0	1,988,385	0
按攤銷後成本衡量之金融資產	14,277,615	1	0	0
避險之衍生金融資產	0	0	34,394	0
避險之金融資產	23,497	0	0	0
應收票據及帳款淨額	128,613,391	6	121,133,248	6
應收關係人款項	584,412	0	1,184,124	0
其他應收關係人款項	65,028	0	171,058	0
存貨	103,230,976	5	73,880,747	4
其他金融資產	18,597,448	1	7,253,114	0
其他流動資產	5,406,423	0	4,222,440	0
流動資產合計	**951,679,721**	**46**	**857,203,110**	**43**
流動負債				
短期借款	88,754,640	4	63,766,850	3
透過損益按公允價值衡量之金融負債	40,825	0	26,709	0
避險之衍生金融負債	0	0	15,562	0
避險之金融負債	155,832	0	0	0
應付帳款	32,980,933	2	28,412,807	1
應付關係人款項	1,376,499	0	1,656,356	0
應付薪資及獎金	14,471,372	1	14,254,871	1
應付員工酬勞及董監酬勞	23,981,154	1	23,419,135	1
應付工程及設備款	43,133,659	2	55,723,774	3
本期所得稅負債	38,987,053	2	33,479,311	2
負債準備	0	0	13,961,787	1
一年內到期長期負債	34,900,000	2	58,401,122	3
應付費用及其他流動負債	61,760,619	3	65,588,396	3
流動負債合計	**340,542,586**	**17**	**358,706,680**	**18**

台積電 2018 年流動比率＝流動資產／流動負債
＝ 9,517 億／3,405 億＝ 280%（同業 283%）

資料來源：公開觀測資訊站，作者彙整。

一般而言，稅淨利率低的產業，會用較高的負債比，以提高股東的獲利率。如鴻海 2018 年的稅前淨利率是 3％，同年負債比是 61％，台積電 2018 年的稅前淨利率是 39％，它的負債比則是 20％。

　　就「風險偏好」而言，同一產業內有些企業經營者為了幫股東賺更多錢而舉借更多負債，造成負債比率高；有些企業經營者風險偏好低，因此負債比率低。我們可比較同產業內、不同企業的負債比率，看出企業的風險偏好度。表 2-10 以台積電為例，2018 年底負債比例為 20％，而同業則為 43％，可以看出台積電經營團隊的風險偏好度低。

　　就「財務強度」的角度來觀察，企業的負債比率如果在六成以內，銀行通常會比較放心貸款，但如果負債比率超過 65％，銀行就會開始緊張；超過 70％，除非你是台灣電力公司（2018 年底負債比例 88％），否則銀行一定會希望公司盡快增資，因為他們已經在擔心公司可能會有倒閉的危機。

　　除非是特殊產業，否則如果負債比率貼近 75％，依照我們會計師的實務經驗，企業有 95％的可能性會倒閉，如果貼近 80％，有 99％的機會會倒閉，為什麼？試想一下，如果公司的負債比率已經高達 80％卻還不增資，原因是什麼？應該要增資卻未增資的原因通常只有兩個。

　　第一個是股東有錢，但是覺得這家公司前景或經營不佳，不

表 2-10　台積電的風險偏好較同業低

台積電 2017~2018 合併資產負債表摘要 單位：新台幣仟元	1. 負債比率偏低，獲利能力未必好；負債比率偏高，一旦景氣反轉，可能危及企業的生存。 2. 適當比率： 　高科技產──30%±10% 　一般產業──50%±10%			
會計科目	**2018.12.31**		**2017.12.31**	
	金額	%	金額	%
流動負債		0		0
短期借款	88,754,640	4	63,766,850	3
透過損益按公允價值衡量之金融負債	40,825	0	26,709	0
避險之衍生金融負債	0	0	15,562	0
避險之金融負債	155,832	0	0	0
應付帳款	32,980,933	2	28,412,807	1
應付關係人款項	1,376,499	0	1,656,356	0
應付薪資及獎金	14,471,372	1	14,254,871	1
應付員工酬勞及董監酬勞	23,981,154	1	23,419,135	1
應付工程及設備款	43,133,659	2	55,723,774	3
本期所得稅負債	38,987,053	2	33,479,311	2
負債準備	0	0	13,961,787	1
一年內到期長期負債	34,900,000	2	58,401,122	3
應付費用及其他流動負債	61,760,619	3	65,588,396	3
流動負債合計	340,542,586	17	358,706,680	18
非流動負債		0		0
應付公司債	56,900,000	3	91,800,000	5
遞延所得稅負債	233,284	0	302,205	0
淨確定福利負債	9,651,405	0	8,850,704	1
存入保證金	3,353,378	0	7,586,790	0
其他非流動負債	1,950,989	0	1,855,621	0
非流動負債合計	72,089,056	3	110,395,320	6
負債合計	**412,631,642**	**20**	**469,102,000**	**24**
業主權益				
權益合計	1,677,496,396	80	1,522,759,643	76
負債及權益總計	**2,090,128,038**	**100**	**1,991,861,643**	**100**

台積電 2018 負債佔總資產之比重＝
負債／總資產＝ 4,126 億／ 20,901 億＝ 20%（同業 43%）

資料來源：公開觀測資訊站，作者彙整

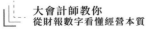

大會計師教你
從財報數字看懂經營本質

想增資了；第二種是股東很想增資，但是股東自己也已經沒錢了。

在無法從市場找資金，大股東也不願意或沒有錢增資的情況下，這家公司要不倒閉也難。這就是為什麼從負債比率，能看出股東與經營者財務強度的原因。我們以生產 Dram 的茂德為例，它在 2009 年時的負債比率超過 80％這條死亡線後，只掙扎了一年多，就在 2010 年爆發財務危機，並於 2012 年下櫃。我們從表 2-11 即可看出其異常的負債比率。

負債比率是一個很嚴肅的議題，有時候我們在計算負債比率時會有盲點。這個盲點就是有些公司的財產裡面有部份是比較虛的財產。以如興為例，該公司在 2017 年併購大陸玖地牛仔褲公司時，產生高達 80 幾億元的無形資產。當公司經營不好、財務狀況不佳時，無形資產沒有太大的價值，尤其公司不賺錢的時候，無形資產的價值甚至會變為零。

所以在計算一個公司的負債比率時，有時候不要只看表面上的數字。如果是我來算如興的負債比率，我會把無形資產從財產淨值裡扣掉，來得出真正的負債比率。以如興 2018 年底重編前的報表來看，負債 121 億元除以總資產 263 億元，負債比率是46％，非常的漂亮，符合傳產負債比率 5 成左右的標準。但如果把總財產中的 80 億元無形資產（商譽及客戶關係）扣除，就只剩下 183 億元，負債比率立刻上升至 66％，那麼這就是一個比較高的負債比率了。

表 2-11　過高負債比率顯示公司有倒閉危機

茂德 2009~2010 **資產負債表摘要** 單位：新台幣仟元			2009 年負債比率超過死亡線 80%， 一年後茂德爆發財務危機，並於 2012 年下櫃。		
會計科目	2010.12.31			2009.12.31	
	金　額	%		金　額	%
流動負債					
短期借款	5,144,512	6		7,534,476	7
應付票據	75,797	-		49,742	-
應付帳款	1,914,512	2		4,240,442	4
應付費用	4,844,517	5		3,889,732	3
其他應付款項 - 關係人	242,759	-		409,185	-
應付設備款	3,371,241	4		4,998,898	5
其他應付款	51,823	-		131,997	-
預收款項	7,012	-		133,643	-
應付可轉換公司債	-			795,943	1
一年或一營業週期內到期長期負債	1,559,498	2		2,227,959	2
流動負債合計	17,211,671	19		24,412,017	22
長期負債					
避險之衍生性金融負債 - 非流動	35,953	-		80,196	-
應付公司債	1,601,341	2		1,699,148	2
長期借款	52,803,775	59		51,689,675	47
長期應付款	1,374,043	2		2,128,963	2
應付租賃款 - 非流動	7,101,900	8		8,201,560	7
長期負債合計	62,917,012	71		63,799,542	58
其他負債					
應計退休金負債	-	-		13,121	-
存入保證金	2,238	-		25,505	-
其他負債 - 其他	-	-		62,628	-
其他負債合計	2,238	-		101,254	-
負債總額	**80,130,921**	**90**		**88,312,813**	**80**

資料來源：公開觀測資訊站。

大會計師教你
從財報數字看懂經營本質

發現一家公司的負債比率偏高時,可以到「股市公開資訊觀測站」查詢其人事異動,如果發覺財會經理離職或是調整時,你必須更加小心。依照法令規定,財會主管若要離職或進行職務調整,屬於重大訊息必須申報,並且會在股市觀測站上揭露之,如表 2-12。

不過,財務經理離職暗示公司財務出現問題,對公司殺傷力很大,很多公司「上有政策、下有對策」,如果財務經理提出辭呈,會商請其不要離職,以「交接」為由轉調至其他部門,然後在一至二個月「交接」完成後才離開,然而,財務經理轉調至其他部門後離職,依規定是不需要申報的,因此內行人都知道,「職務調整」與「離職」幾乎畫上等號。

標準七:兼看「個體報表」更了解企業經營狀況

以上說明的各項標準,都是以合併報表的角度來看。

因為依照台灣證管會的規定,企業財報應以「合併報表」為主,但是企業的年度財報除了合併報表外,還必須另外再編一份「個體報表」。「合併報表」與「個體報表」有何不同?

以台積電為例,目前台積電在台灣有三座 12 吋晶圓廠、四座 8 吋晶圓廠和一座 6 吋晶圓廠,這些都是台積電名下的公司。不過,台積電在海外還有其他子公司,包括一家百分之百持有之海外子公司——台積電(南京)有限公司之 12 吋晶圓廠,以及二

表 2-12 上市公司會計主管異動，需特別留意

	本資料由（公開發行公司）■■ 公司提供					
	變更前名稱：■■建設股份有限公司					
序號	8	發言日期	103/03/28	發言時間	16:53:31	
發言人	○○○	發言人職稱	行政管理部副總經理	發言人電話	02- ××××××××	
主旨	公告本公司會計主管異動					
符合條款	第 8 款	事實發生日	103/03/28			

說明	1. 人員變動別（請輸入發言人、代理發言人、重要營運主管之名稱、財務主管、會計主管、研發主管、內部稽核主管或訴訟及非訴訟代理人）：會計主管
	2. 發生變動日期：103/03/28
	3. 舊任者姓名、級職及簡歷：●●●、本公司協理
	4. 新任者姓名、級職及簡歷：○○○、本公司副總經理
	5. 異動情形（請輸入「辭職」、「職務調整」、「資遣」、「退休」、「死亡」、「新任」或「解任」）：職務調整
	6. 異動原因：公司組織調整
	7. 生效日期：103/03/28
	8. 新任者聯絡電話：02- ××××××××
	9. 其他應敘明事項：於 103/03/28 董事會通過任命案

資料來源：公開觀測資訊站

大會計師教你
從財報數字看懂經營本質

家百分之百持有之海外子公司——WaferTech美國子公司、台積電（中國）有限公司之8吋晶圓廠產能支援。這些海外子公司在法律上都是獨立的個體，台積電是以持有股份的方式擁有它們。

台積電「個體報表」是指僅限台積電名下各廠的資產、負債及損益，亦即只含台灣的八座晶圓廠。台積電的「合併報表」是指除了台灣外，還包括大陸與美國台積電子公司的資產、負債及損益的報表。

對投資人而言，如果只看台積電的「個體報表」，無法看到台積電整體的營運全貌，如此在判斷投資價值上會有落差。

再以鴻海為例，鴻海在台灣雖然有生產線，然而只占極小的比例，大部分的生產線都在中國大陸，同時在美國、墨西哥、巴西甚至捷克都有設廠。如果把工廠視為身體、手跟腳，鴻海就是一個頭在台灣，身體、手和腳則分布在世界各地的企業，只看台灣一個地方的報表（個體報表）是沒有意義的，應該宏觀看其全球布局才是對的。合併報表就是要讓投資者看出企業全貌的報表，所以法律規定上市櫃公司每季都要出具合併報表，個體報表做為補充資訊，每年編一份年度報表即可。

然而，當一家企業從事太多不同業務或是編入合併報表的子公司不是100％持有時，合併報表的缺點就會出現。

以顯示器製造大廠華映為例，華映的報表中，有很多的合併

子公司，其中最大的就是大陸華映。大陸華映是一家在大陸上市的公司，過去幾年來大多是獲利的，然而台灣華映母公司大多時候卻是虧損的，而且台灣華映只持有大陸華映 25％ 的股權而已。但基於一些勉強說得過去的理由，大陸華映被編入台灣華映的合併報表中。

在合併報表中，台灣華映的報表「看起來」似乎還可以，有很多現金，股東權益也有四成之多。其實如果只看個體報表，華映沒有錢，而且負債極高，經營狀況相當惡劣。從表 2-13 及表 2-14 即可看出兩者之差異。

比較華映的合併報表（表 2-13）與個體報表（表 2-14）可以看出來，沒有主要來自持股 25％ 子公司——大陸華映財務數字的美化修飾之下，台灣華映 2017 年的現金立刻從 252 億元降至 35 億元，負債比率從 58％ 爬升至危險的 70％，更可怕的是流動比率從原本已經不及格的 88％，降到不可思議的 23％，若是沒有母公司大同的支持，華映恐怕早就倒閉了。

因此，如果想要投資一家公司，建議投資人除了合併報表以外，必要時也要看一下個體報表，分析個體報表與合併報表之間的數字是否有重大的差異。

但問題是何時需要看個體報表，何時不必看？我的建議是，大多數時候是不必看的，只有在少數情形下才需要看個體報表。

表 2-13　華映之合併資產負債表

華映 2016~2017 合併資產負債表摘要 單位：新台幣仟元	賺錢的大陸華映被編入台灣華映的報表中，美化了台灣華映的報表數字，也掩蓋了許多隱藏的危機。			
	2017.12.31		2016.12.31	
會計項目	金　額	%	金　額	%
流動資產				
現金及約當現金	$ 25,205,131	19	$ 36,313,430	26
透過損益按公允價值衡量之金融資產 - 流動	-	-	16,346,955	12
無活絡市場之債務工具投資 - 流動	18,975,127	14	18,469,244	13
應收票據淨額	-	-	2,768	-
應收帳款淨額	1,738,473	1	2,160,916	2
應收帳款 - 關係人淨額	-	-	112	-
其他應收款	701,848	-	2,898,110	2
其他應收款 - 關係人	7,244	-	6,196	-
存貨	3,609,967	3	2,931,253	2
預付款項	2,269,337	2	380,497	-
待出售非流動資產〔或處分群組〕〔淨額〕	-	-	13,145,873	9
流動資產合計	52,507,127	39	92,655,354	66
流動負債				
短期借款	$ 29,644,249	22	$ 41,822,376	30
應付短期票券	3,185,205	2	1,857,980	1
應付票據	1,622,699	1	335,547	-
應付帳款	4,548,630	4	4,080,411	3
應付帳款 - 關係人	882,483	1	1,363,537	1
其他應付款	8,797,650	7	4,705,912	4
其他應付款項 - 關係人	380,067	-	1,690,555	1
本期所得稅負債	147,017	-	254,877	-
與待出售非流動資產〔或處分群組〕直接相關之負債	-	-	4,339,032	3
預收款項	338,394	-	295,419	-
一年或一營業週期內到期或執行賣回權公司債	-	-	806,250	1
一年或一營業週期內到期長期借款	9,582,279	7	10,168,480	7
其他流動負債 - 其他	471,792	-	476,814	-
流動負債合計	59,600,465	44	72,197,190	51

流動比率：
2016 流動資產 927 億 / 流動負債 722 億 = 128%
2017 流動資產 525 億 / 流動負債 596 億 = 88%
→ 2017 流動比率已低於 100%，表示償債能力已出現問題

（續下頁）

非流動負債				
長期借款	15,880,070	12	10,260,925	7
負債準備—非流動	242,544	-	228,865	-
遞延所得稅負債	690,708	1	1,170,269	1
長期應付票據	16,848	-	-	-
長期遞延收入	104,796	-	184,710	-
淨確定福利負債—非流動	794,069	1	1,209,116	1
存入保證金	24,768	-	39,956	-
非流動負債合計	17,753,803	14	13,093,841	9
負債總計	77,354,268	58	85,291,031	60
歸屬於母公司業主之權益				
股本				
普通股股本	64,794,541	48	64,794,541	46
資本公積	10,843,142	8	10,131,939	7
保留盈餘				
待彌補虧損	(57,940,896)	(43)	(60,980,594)	(43)
其他權益				
國外營運機構財務報表換算之兌換差額	(1,830,277)	(2)	(1,450,961)	(1)
備供出售金融資產未實現損益	(1,687,447)	(1)	(2,320,258)	(2)
與待出售非流動資產（或處分群組）直接相關之權益	-		(115,426)	-
歸屬於母公司之業主權益合計	14,179,063	10	10,059,241	7
非控制權益	42,751,335	32	46,091,388	33
權益總計	56,930,398	42	56,150,629	40
權益總計占總資產的 42%， 但是歸屬於母公司之業主權益僅占總資產的 10%， →換句話說，大部分權益都是大陸華映小股東的，在這種情況下，看合併報表是沒有意義的。				
負債及權益總計	$134,284,666	100	$141,441,660	100

資料來源：公開觀測資訊站。

大會計師教你
從財報數字看懂經營本質

第一種情況是合併報表中股東權益的「非控制權益」的金額很大。「非控制權益」的金額愈大，代表「非合併報表主體母公司」的權益愈大。以華映為例，華映 2017 合併報表中，「非控制權益」的金額高達 428 億元（占總資產的 32%），代表在華映 569 億元的股東權益總計（占總資產的 42%）裡，絕大部分都是屬於大陸華映的股東所有。

事實上，台灣華映的股東權益，也就是「歸屬於母公司之業主權益合計」約 142 億元，僅占總資產的 10%。當合併報表呈現的情形是這樣的時候，若還不進一步深究個體報表，更待何時？

必須看個體報表的情況二是一個公司的合併報表中，合併了太多不同的產業，導致從合併報表中看不出一些關鍵數字。例如統一超合併了百貨、物流等子公司的數據，如果要從合併報表中研究統一超的存貨週轉天數或資產週轉率是算不出來的，或是算出來的數字也沒有意義，這時就必須回頭來看個體報表了。

我們回頭去看台積電的合併報表和個體報表，會發現兩者的差異很小，這就表示台積電的經營架構與業務內容很聚焦，表現在財務數字上也很一目瞭然。

用來美化、掩護的財務數字，就如同巴菲特的名言，「只有退潮的時候，你才知道誰在裸泳」。撥開合併報表的迷霧，搭配個體報表參看，更能判別一家公司真正的投資價值。

表 2-14 華映之個體資產負債表

華映 2016~2017 個體資產負債表摘要 單位：新台幣仟元	沒有了主要來自子公司大陸華映的「掩護」，台灣華映個體報表的數字慘不忍睹。			
	2017.12.31		**2016.12.31**	
會計項目	**金 額**	**%**	**金 額**	**%**
流動資產				
現金及約當現金	$ 3,485,121	7	$ 3,416,241	7
無活絡市場之債務工具投資 - 流動	46,813	-	146,785	-
應收票據淨額			54	-
應收帳款淨額	1,■■■,■■■		■■0,105	3
應收帳款 - 關係人淨額			■■9,794	
其他應收款	45,725	-	87,191	-
其他應收款 - 關係人	113,702	-	152,827	-
存貨	2,117,469	5	2,211,965	4
預付款項	84,272	-	91,688	-
待出售非流動資產〔或處分群組〕〔淨額〕	-	-	5,339,030	10
流動資產合計	7,024,131	15	13,035,680	24
流動負債				
短期借款	$ 5,25■,■30	11	$ 5,437,730	10
應付票據			5■,■55	
應付帳款				
應付帳款 - 關係人				
其他應付款				
其他應付款項 - 關係人				
預收款項	8,123,404	17	15,259,269	27
一年或一營業週期內到期長期借款	2,423,125	5	1,862,450	3
其他流動負債 - 其他	459,368	1	465,229	1
流動負債合計	30,586,285	64	37,372,336	69
非流動負債				
長期借款	1,400,474	3	4,514,615	8
負債準備－非流動	242,544	-	228,865	-
遞延所得稅負債	690,708	1	1,170,269	2
長期應付票據	16,848	-	-	-
長期遞延收入	27,329	-	268,081	1
淨確定福利負債－非流動	794,069	2	1,209,116	2
存入保證金	5,548	-	6,779	-
非流動負債合計	3,177,520	6	7,397,725	13
負債總計	33,763,805	70	45,770,061	82

現金：
合併報表 252 億
個別報表 35 億

流動比率：
2016　35%
2017　23%
（2017 合併報表流動比率為 88%）

資料來源：公開觀測資訊站

大會計師教你
從財報數字看懂經營本質

抓出數字
背後的魔鬼

—— 從微觀角度看懂「資產負債表」

327
450
656
40
40
080
30.5
900

若 只是從宏觀角度觀察企業的財務數字，可能掌握了 60％ 的狀況，卻未能發現潛藏的 40％ 問題。對經營者而言，細微之處往往才是決策的關鍵；對投資者而言，細微之處往往才能告訴你「魔鬼」在哪裡。

了解資產負債表上的「資產」、「負債」、「股東權益」之後，企業經營者與投資者可以依據六個指標，解讀各項會計科目，以衡量企業真實的經營情形，我們以台積電資產負債表為例，解讀各科目透露的秘密。

衡量指標一：從「現金及約當現金」看穩健性

近年來台積電每年年底大多保有五千多億元的現金，但台積電並不是台灣現金最多的企業。撇除銀行及保險公司外，台灣保有最多現金的企業是鴻海。

近年來鴻海每年年底大多會保有六千多億元的現金，2018 年保有的現金甚至超過 7,500 億元。這些數字看起來非常驚人，不過比起蘋果電腦，2018 年財報顯示其現金加上藏在短期與長期投資（marketable securities）的現金，將近有 2,400 億美元之多。

2,400 億美元乘以 30，換算成台幣，這實在是天文數字！所以，蘋果如果要把市值約 6 兆的台積電吃掉，應該不難。

為什麼從財報的現金與約當現金的金額，可以顯示其穩健

大會計師教你
從財報數字看懂經營本質

度？首先我們要先了解在資產負債表上「現金與約當現金」這個會計科目的意義。「現金與約當現金」其實不只是單純的現金，包括支票存款、活期存款及三個月內到期的定期存款等都稱為「現金及約當現金」。

現金的安全水位宜保持二個月

錢多不一定好，但是適度的現金是必要的，但是何謂「適度」呢？這是見仁見智的看法。但一般而言，所謂「適度」是指一般企業在沒有任何現金流入的情況下，仍能夠維持營運二至三個月。

公司營運有許多基本營運支出，這些基本開銷包含購買原材料、支付人員薪酬、水電費、各項稅費、廠房及設備維修費等等不一而足，有些公司甚至將購買設備及支付股息的金額也加以計入。由於台灣《公司法》已經修正，上市公司與歐美國家相同，一年可以分配四次股息，所以我認為企業正常的開銷除了日常營運外，設備與股息都必須列入。

計算企業的正常開銷，首先就是計算企業年度的日常開銷，加計當年度的資本支出以及股息，把這三個數字加起來就是年度支出，把這個數字除以 12 再乘上 2（二個月），就可以和企業財報上的「現金與約當現金」相比較，看看企業保有的現金金額是否適度。

以台積電 2018 年為例，台積電 2018 年營收是 10,315 億元，

税後淨利是 3,512 億元，亦即一年的各項開銷約 6,800 億元，但是這 6,800 億元當中，約有 2,900 億元是不用花錢的折舊與攤銷費用（詳細數字可以從現金流量表的折舊及攤銷費用中查到），也就是台積電一年營運所需的現金支出是 3,900 億元。

2018 年台積電大概買了 3,000 億元的設備（可參看不動產、廠房及設備的附註），一年支付約 2,100 億元的股息（一股派 8 元股息），這些費用加總是 9,000 億元。以 9,000/12 得出台積電一個月的正常開銷是 750 億元。

如果今天台積電都沒有現金流入，那麼從表 3-1 資產負債表上的 5,778 億元「現金及約當現金」來看，可以供幾個月之用？我們將 5,778 / 750 得出可以使用 7.7 個月。也就是說，假設台積電突然發生未知的狀況，無法向客戶收到款，也無法借到錢的話，手上儲備的現金還可以讓企業維持正常的營運、添置設備，並且順利支付股息達 7.7 個月之久。

實務上，計算手上現金時有人會把各項短期性投資列入，例如我們可以把台積電各項短期投資約 1,174 億元加入當做分子。計算營運支出時有人會不計入投資及股息，有人計入投資但剔除股息，也有人加計一年內到期的各項借款。這些都是因為對穩健度的看法不同，以致算法各異。讀者可以依自己的保守程度，選擇上述的算法之一去推算。

至於台灣金融業以外現金最多的公司──鴻海，鴻海 2018

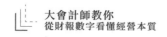
大會計師教你
從財報數字看懂經營本質

表 3-1　從台積電現金看經營穩健度

台積電 2017~2018 合併資產負債表摘要 單位：新台幣仟元			現金及約當現金 5,778 億，占總資產 28% （同業 837 億，占資產 21%） 現金充裕，經營穩健度高，降低不景氣時面臨 之周轉衝擊。		
會計項目	2018.12.31			2017.12.31	
	金額	%		金額	%
流動資產					
現金及約當現金	577,814,601	28		553,391,696	28
透過損益按公允價值衡量之金融資產	3,504,590	0		569,751	0
透過其他綜合損益按公允價值衡量之金融資產	99,561,740	5		0	0
備供出售金融資產	0	0		93,374,153	5
持有至到期日金融資產	0	0		1,988,385	0
按攤銷後成本衡量之金融資產	14,277,615	1		0	0
避險之衍生金融資產	0	0		34,394	0
避險之金融資產	23,497	0		0	0
應收票據及帳款淨額	128,613,391	6		121,133,248	6
應收關係人款項	584,412	0		1,184,124	0
其他應收關係人款項	65,028	0		171,058	0
存貨	103,230,976	5		73,880,747	4
其他金融資產	18,597,448	1		7,253,114	0
其他流動資產	5,406,423	0		4,222,440	0
流動資產合計	951,679,721	46		857,203,110	43
非流動資產					
透過其他綜合損益按公允價值衡量之金融資產	3,910,681	0		0	0
持有至到期日金融資產	0	0		18,833,329	1
按攤銷後成本衡量之金融資產	7,528,277	0		0	0
以成本衡量之金融資產	0	0		4,874,257	0
採用權益法之投資	17,865,838	1		17,861,488	1
不動產、廠房及設備	1,072,050,279	51		1,062,542,322	53
無形資產	17,002,137	1		14,175,140	1
遞延所得稅資產	16,806,387	1		12,105,463	1
存出保證金	1,700,071	0		1,283,414	0
其他非流動資產	1,584,647	0		2,983,120	0
非流動資產合計	1,138,448,317	54		1,134,658,533	57
資產總額	2,090,128,038	100		1,991,861,643	100

資料來源：公開觀測資訊站

年底帳上雖然有 7,887 億元的現金，但是因為鴻海營業額太大（2018 年約 5.3 兆元），依照上述的計算方法得出鴻海的現金大約只能供其使用 1.8 個月。如果再把鴻海沒有拿去質押的 700 多億元短期投資加進來，這個數字大概是二個月。

所以我們可以得出一個結論，鴻海是台灣金融業以外「錢最多」的企業，但台積電可能是台灣「最富有」的大型企業。

台積電手上的現金很多，從企業經營穩健的角度來衡量，台積電的經營也的確很穩健。之所以握有這麼多的現金，我們以國內外資本與技術密集的企業都喜歡囤積現金來合理推估，擁有愈多現金愈有利於企業渡過不景氣，甚至可以趁不景氣時逆勢加碼投資，以擺脫競爭者的追趕，這應該也是台積電囤積這麼多現金的主因吧！

勿把現金全部放在借款銀行

一般來說，國際化愈深或是經營績效卓越的台灣企業，如廣達、聯發科、大立光等，他們的現金水位都很高，都在二個月甚至達到半年以上。然而台灣有更多的中小企業想的卻是：「沒錢無所謂啊，因為都有跟銀行簽籌資額度或是透支額度，沒有錢可以去銀行搬就好。」因而認為保留太多的現金是一種浪費。

特別是很多企業的利潤率都很低，與其保留那麼多現金，不如拿去償還銀行貸款，以提高企業的利潤，因此在實務上大概都

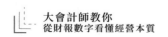

只保有一個月左右的現金。

　　然而，企業經營的風險瞬息萬變，俗話說「不怕一萬、只怕萬一」，如果突然遭逢官司或是天災人禍等意外，這時才要跟銀行談貸款，往往需要一段時間。企業必須確保自己在這段困難期間能夠維持正常營運，因此持有足夠的現金絕對是必要的。

　　此外，企業經營者千萬不要以為有跟銀行簽籌資額度或是透支額度就可以萬無一失。因為借款的時候，企業必須簽一份借款合約，合約中一定會載明企業如果發生特定事件時，將被視為違反借款條件，銀行可以不予貸款，並要求企業立即償還原先借款。

　　很多企業在簽訂合約時，根本不會仔細看特定事項的細節與內容，其實這些細節裡面，有不少「銀行得隨時要求償還」的條件，例如必須維持特定流動比率、不得有違反誠信事件發生等等。另外為了確保特定事件發生時，銀行可不必經由訴訟就可要求企業還款，借款時除了借款合約外，銀行都會要求企業簽一張本票。

　　所以當企業發生檢調搜索、誠信疑慮、被告違反專利的情事，銀行打算要抽銀根，只要把本票拿出來提示，就可以將企業存在該銀行戶頭裡相當於借款金額的款項加以凍結。因此把企業的大部份資金都存放在借款銀行裡，是非常危險的作法。

　　我曾經有個從事電子流通業的客戶，雖然經營良好，但電子業的特性就是毛利不高，因此必須向銀行大量借款，藉由利潤率

和銀行利率的差異來提升企業的獲利。某年該企業被檢調以大股東涉及股票操弄為由而搜索該企業，搜索當天立刻見報。

在台灣，如果企業經營有困難，只要不到臨界點，銀行大多會想辦法給予支持，然而一旦牽扯上誠信疑慮的時候，尤其是上市公司只要發生檢調搜索事件，銀行為求自保，好一點的就是不續貸，最壞的情況就是抽銀根。於是這個客戶立刻被收縮銀根，又因為放在借款銀行的存款被銀行凍結，財務立刻亮紅燈，所幸另一家電子大廠及時伸出援手將其併購，順利度過這次的財務危機。

這個案例告訴我們，公司出問題的時候，平時有多少借款額度都沒有用。公司何時會出問題沒人知道，因此平時一定要保有足夠的現金，以因應臨時突發狀況。同時，建議企業至少要有一半的資金，放在沒有向其借款的銀行中，這才是「相對安全」的做法。

關鍵數字：2 個月

- **經營者：** 平時宜保有至少 2 個月的現金水位。不要把所有現金都放在有借款的銀行。
- **投資人：** 不能只看現金有多少，還必須細算現金安全水位是否夠穩健。

衡量指標二：從「應收票據」、「帳款」及「存貨」 看管理力

　　「應收帳款」是指公司把產品銷售出去以後，客戶還未給付的款項，如果收到票據但是仍未到期，則為「應收票據」。應收帳款與應收票據就是客戶還沒有支付的款項，計算的時候應將兩種列入計算。

　　評估應收帳款及票據的目的，在於了解貨款是否積壓太多。積壓太多表示貨款可能收不回來，有發生呆帳的風險。

　　從應收帳款及票據與銷貨金額的關係可以推算相當於幾天的銷貨金額，又稱「應收帳款週轉天數」，其計算公式為：

$$\frac{\text{期末應收帳款及票據}}{\text{全年銷貨金額}} \times 365（天）$$

如果使用的財報不是年報，而是季報或是半年報，則公式為：

$$\frac{\text{期末應收帳款及票據}}{\text{該季的銷貨金額}} \times 90（天）$$

$$\frac{\text{期末應收帳款及票據}}{\text{半年度銷貨金額}} \times 180（天），公式依此類推。$$

　　讀過管理會計學的讀者可能會說，你的公式寫錯了，分子應該是（期末應收＋期初應收）／2，噢！我只能告訴你，我的查

帳員查帳時只要被我發現分子用（期初＋期末）／2的，沒有不被我要求重改的。因為期初應收票據及帳款的數字對於我們計算應收帳款的收款天數是沒有意義的，甚至會扭曲相關數字。舉例來說，假設期初數字是 1 元，期末數字是 100 億元，將兩者相加起來除以 2，就極可能會有扭曲相關數字之嫌。

以表 3-2 台積電 2018 年財報數字來看，依據以上公式，得出台積電的應收帳款週轉天數為：

$$\frac{1{,}292 \text{ 億}}{10{,}315 \text{ 億}} \times 365 \text{（天）} = 46 \text{（天）}。$$

意思是台積電出貨後，平均 46 天後能收到錢。

46 天到底好不好？相較於同業，台積電同業 2018 年的應收帳款收款天數是 58 天。因此我們可以說，台積電的 46 天是好的。

一般來說，只要不是極端企業或特殊行業，應收帳款合理的天數大約在兩個月左右，絕對不宜超過三個月。特殊行業如統一超，消費者去統一超商買東西都是現金交易，不會有賒帳的情況發生，因此統一超商的應收帳款天數趨近於零。

如果應收帳款超過三個月以上，通常暗指這家公司經營階層的經營力度偏弱，有些則讓人懷疑有做假帳的嫌疑（有關此點，詳細內容將在第六章說明）。

表 3-2 台積電 2018 年應收票據及帳款

台積電 2017~2018 合併資產負債表摘要 單位：新台幣仟元	統計算出台積電 2018 年應收帳款天數為 46 天，同業 58 天，相較於同業為佳。			
會計項目	2018.12.31		2017.12.31	
	金額	%	金額	%
流動資產				
現金及約當現金	577,814,601	28	553,391,696	28
透過損益按公允價值衡量之金融資產	3,504,590	0	569,751	0
透過其他綜合損益按公允價值衡量之金融資產	99,561,740	5	0	0
備供出售金融資產	0	0	93,374,153	5
持有至到期日金融資產	0	0	1,988,385	0
按攤銷後成本衡量之金融資產	14,277,615	1	0	0
避險之衍生金融資產	0	0	34,394	0
避險之金融資產	23,497	0	0	0
應收票據及帳款淨額	**128,613,391**	**6**	**121,133,248**	**6**
應收關係人款項	**584,412**	**0**	**1,184,124**	**0**
其他應收關係人款項	65,028	0	171,058	0
存貨	103,230,976	5	73,880,747	4
其他金融資產	18,597,448	1	7,253,114	0
其他流動資產	5,406,423	0	4,222,440	0
流動資產合計	951,679,721	46	857,203,110	43
非流動資產				
透過其他綜合損益按公允價值衡量之金融資產	3,910,681	0	0	0
持有至到期日金融資產	0	0	18,833,329	1
按攤銷後成本衡量之金融資產	7,528,277	0	0	0
以成本衡量之金融資產	0	0	4,874,257	0
採用權益法之投資	17,865,838	1	17,861,488	1
不動產、廠房及設備	1,072,050,279	51	1,062,542,322	53
無形資產	17,002,137	1	14,175,140	1
遞延所得稅資產	16,806,387	1	12,105,463	1
存出保證金	1,700,071	0	1,283,414	0
其他非流動資產	1,584,647	0	2,983,120	0
非流動資產合計	1,138,448,317	54	1,134,658,533	57
資產總額	2,090,128,038	100	1,991,861,643	100

合計為 1,292 億元

資料來源：公開觀測資訊站

帳齡超過三個月，擔心有呆帳

我在演講時，常常有企業主提問，他們賣貨給新電子五哥等大企業，這些公司的帳款都超過三個月，甚至長達半年才能收回，不可能符合應收帳款不宜超過三個月的標準，該怎麼辦？

通常一個企業面對不同的客戶會給予不同的授信期間，比如三分之一的客戶你會要求貨到 30 天付款，三分之一的客戶你要求 60 天付款，剩下的三分之一你要求 90 天付款。如果都能順利收款的話，你的應收帳款帳齡剛好 60 天，也就是二個月。

如果帳齡是三個月的話，表面上雖然只差一個月，卻代表大部份客戶授信期間都是三個月或是所有客戶的帳齡皆逾齡至少一個月，抑或是有少數客戶的授信期間遠超過三個月或越齡非常久，才會讓整個應收帳款的帳齡拖成三個月。如果賣給新電子五哥的貨占比不大，公司的應收帳款帳齡應該不會被拖太長。之所以整個帳齡達三個月或超過三個月，可能是一般客戶的授信期太長或大量貨款被拖欠了。如果是這樣，就要考慮是否繼續和這種客戶做生意。

如果應收帳款的帳齡真的是因為大量銷貨給新電子五哥所致，建議把新電子五哥的帳款賣給銀行吧。為什麼要賣掉？主要原因就是，銀行和有經驗的投資者在看一家公司財報的時候，如果看到應收帳款的帳齡超過三個月會覺得很奇怪，因為擔心這一家公司收不到錢或做假帳，給你公司的財務評價就會打折，所以

我會建議把它賣掉。

但要怎麼賣？銀行對於應收帳款的融通業務分成兩種，一種是賣斷業務：比如你把鴻海的應收帳款賣給銀行，合約載明除非你賣給鴻海的貨品有瑕疵，銀行可以要你退款外，即使鴻海倒了，銀行也不能要求你退錢。另一種融通方法是你依然把鴻海的應收帳款賣給銀行，並且合約上載明除了產品有瑕疵你必須退錢外，鴻海萬一倒了，你也必須退錢。

第一種方法就是真的把應收帳款賣給銀行了，依會計準則你可以從帳上把應收帳款除列，如此你就能改善應收帳款的帳齡以及公司的財務結構。第二種方法是以應收帳款為抵押品的一種資金融通方法，依會計準則你不可以把帳上的應收帳款除列，也就無法改善應收帳款的帳齡了。

基本上，如果是鴻海等國際型公司的應收帳款，銀行非常喜歡，很願意直接把它買斷以賺取較高一點的利息。如果不是知名

> **關鍵數字：3 個月**
> - **經營者**：應收帳款天數維持在 2 個月以內較佳，不宜超過 3 個月。
> - **投資人**：應收帳款天數超過 3 個月以上，且媒體上不斷有公司的利多消息，很可能是在做假帳，應謹慎評估。

企業的應收帳款，銀行通常不願買斷，甚至連當資金融通抵押品的資格都沒有。

畢竟銀行與有經驗的投資者都很聰明，如果應收帳款天數超過三個月，銀行會擔心有呆帳，投資人也會認為公司的經營力度有問題，這也是為什麼很多上市公司，特別是大量出貨給新電子五哥的電子流通業者，會將應收帳款賣斷給銀行的原因之一，也是我給管理階層的建議。

存貨週轉天數過低或過高，皆表示異常

從表 3-3 來看，台積電 2018 年底的存貨有 1,032 億元，代表的意義又是什麼？存貨是指公司庫存的原料、在生產過程中的在製品、已完成製造的製成品，或是買賣業的商品，皆泛稱為「存貨」。

存貨週轉天數的計算公式為：

$$\frac{期末存貨金額}{全年銷貨成本} \times 365（天），$$

如果拿到的是季報或半年報，那麼公式為

$$\frac{期末存貨金額}{當季銷貨成本} \times 90（天），$$

$$\frac{期末存貨金額}{半年度銷貨成本} \times 180（天），以此類推。$$

這個公式意指公司的存貨可以賣幾天，又稱「存貨週轉天數」。讀過管理會計學的讀者可能又會說，你的公式又寫錯了，分子應該是（期末存貨＋期初存貨）／ 2，噢！我只能再告訴你，我的查帳員查帳時只要被我發現分子用（期初＋期末）／ 2 的，一樣是會被我要求重改。

依據以上公式，得出台積電的存貨週轉天數為：

$$\frac{1,032\ 億}{5,335\ 億} \times 365（天）= 71（天）。$$

意思是存貨可供 71 天銷售。台積電 71 天的週轉天數，相比同業聯電的 52 天，顯示台積電的存貨管理比聯電弱。如表 3-3 顯示台積電過去三年的存貨週轉天數在惡化中，除非有正當理由，例如高階製程所致，否則經營階層宜加以警惕並改善。

一般來說，只要不是特殊行業，存貨週轉天數不宜超過二個月。存貨週轉天數超過二個月，代表有很多原料、製成品或商品已經擺放在倉庫很久了。為什麼？

我們可以來分析：一個公司採買原材料時，雖然都是大批採購，但除非是國外進口或是特殊原材料，必須一次採買個譬如三個月用量，一般的原物料一次買個一個月用量就了不起了。至於製成品最好是依客戶訂單生產，所以製成品存貨理論上不會也不應太多。

表 3-3　台積電近三年存貨週轉天數漸高

台積電 2017~2018 合併資產負債表摘要 單位：新台幣仟元	台積電 2018 年存貨週轉天數 71 天， 較同業的 52 天為高，顯示同業管理較佳。			
會計項目	**2018.12.31**		**2017.12.31**	
	金額	%	金額	%
流動資產				
現金及約當現金	577,814,601	28	553,391,696	28
透過損益按公允價值衡量之金融資產	3,504,590	0	569,751	0
透過其他綜合損益按公允價值衡量之金融資產	99,561,740	5	0	0
備供出售金融資產	0	0	93,374,153	5
持有至到期日金融資產	0	0	1,988,385	0
按攤銷後成本衡量之金融資產	14,277,615	1	0	0
避險之衍生金融資產	0	0	34,394	0
避險之金融資產	23,497	0	0	0
應收票據及帳款淨額	128,613,391	6	121,133,248	6
應收關係人款項	584,412	0	1,184,124	0
其他應收關係人款項	65,028	0	171,058	0
存貨	**103,230,976**	**5**	**73,880,747**	**4**
其他金融資產	18,597,448	1	7,253,114	0
其他流動資產	5,406,423	0	4,229,4	
流動資產合計	951,679,721	46	857,203,	
非流動資產				
透過其他綜合損益按公允價值衡量之金融資產	3,910,681	0		
持有至到期日金融資產	0	0	18,833,3	
按攤銷後成本衡量之金融資產	7,528,277	0	0	0
以成本衡量之金融資產	0	0	4,874,257	0
採用權益法之投資	17,865,838	1	17,861,488	1
不動產、廠房及設備	1,072,050,279	51	1,062,542,322	53
無形資產	17,002,137	1	14,175,140	1
遞延所得稅資產	16,806,387	1	12,105,463	1
存出保證金	1,700,071	0	1,283,414	0
其他非流動資產	1,584,647	0	2,983,120	0
非流動資產合計	1,138,448,317	54	1,134,658,533	57
資產總額	2,090,128,038	100	1,991,861,643	100

近三年存貨週轉天數

2016	2017	2018
38 天	56 天	71 天

資料來源：公開觀測資訊站

大會計師教你
從財報數字看懂經營本質

一個公司擁有超過二個月的存貨可能是一些原本有用的原材料現在用不著或不能用，一些特定料號的製成品因為生產過多或因為被取消訂單只好擺在倉庫裡。有些公司甚至有生產到一半的在製品因故未完成而擺在現場或倉庫裡等待處理。

　　特殊行業例如賣鞋、衣服、手錶以及珠寶等行業，這些行業因為品項、規格繁雜，存貨週轉天數較高，例如 Nike 的存貨週轉天數保持在一百天左右。如果以 Nike 為基準，上述產業存貨週轉天數不宜超過四個月，如果超過半年就應注意，超過九個月表示存貨管理及調貨機制很不好。

　　另一方面如果存貨週轉天數很低呢？這可能是大好，也可能是大壞的結果。首先我們說大好的例子，在中部有家公司叫做台灣引興，主要是從事工具機零件的生產業務，我去拜訪該公司董事長時，他說因為到東海大學 EMBA 上課，在老師的講授與協助下，學會了精實生產（豐田生產方式），讓公司的生產線從 120 公尺縮短到 27 公尺，存貨週轉天數從數個月減少到只有營業額的 0.6％。我根據他的說法推算台灣引興的存貨週轉天數不到十天。

　　但如果不是行業特性，或是像台灣引興成功導入精實生產，存貨週轉天數要降至 30 天以下是非常困難的事，如果一個稍具規模的企業，不是因為行業特性或讓大家信服的理由，例如導入精實生產，而能將存貨週轉天數壓低於 30 天以下，甚至低至十幾天，會讓人懷疑這家公司在虛增銷貨收入及成本、做假帳（有關

> **關鍵數字：2 個月**
>
> ・ **經營者：** 存貨週轉天數維持在 1 至 2 個月間較佳，以不超過 2 個月為宜。
> ・ **投資人：** 1 至 2 個月是合理的天數。存貨高於 2 個月顯示經營力度有問題；低於一個月除非是特殊行業或有令人信服的理由，否則就有做假交易的嫌疑。

此點，詳細內容將在第六章說明）。

記著，即便是開超商的統一超，其 2018 年的存貨週轉天數都有 24 天（依據個體報表推算），所以存貨週轉天數過低，也是經營異常的徵兆之一，投資人也要謹慎注意。

應收帳款、存貨週轉天數，反映管理能力

大概十幾年前，我前往輔導一家準備上市的公司，該公司從事的是記憶體裝置的生產製造。我從財報中發現該公司的應收帳款天數超過 120 天，於是向董事長反映狀況，董事長回答我：「對啊，我要求會計部趕快把錢收回來，但財務部門總是執行不力？」這句話聽起來似是而非，事實上我們都知道，應收帳款應該讓業務去收款，怎麼會是財務部門去收款？

經我向財務部詢問應收帳款過高的問題後，財務部人員向我反映，原來該公司非常優待業務人員，除有固定底薪之外，還有優渥獎金。其獎金的計算方式是：營收的特定百分比＋利潤的特定百分比。這個制度最不合理之處，就是完全沒有計入收款機制，才會發生業務員獎金領得很高興，但貨款卻沒有收回來。

為此，該公司財務報表被我打掉六千多萬的呆帳之後，修改了獎金制度，將獎金改為收到貨款之後才發。新制度公布後，好幾個業務員相繼離職。為什麼離職？我想這些業務員多少心裡有數，這種收不到錢的生意，我相信每個人都會做。

後來我又發現一件有趣的事，這家公司竟然連存貨週轉天數也很高，我又去向董事長反映。董事長又回答：「對啊，我就要業務員趕快去賣掉，奇怪業務員就是不努力去賣，我也很頭痛。」

記憶體這項產品，時間一拉長就會跌價，而且跌價的速度非常快，這些倉庫裡的存貨勢必要提列跌價損失。

於是，我又詢問業務經理為何不趕快把這些存貨賣掉？沒想到業務經理說：「會計師，沒有人要賣啦。」因為從獎金公式來看，營業額佔一半，毛利佔一半。所以存貨跌價嚴重，業務員賣得愈多，反而獎金愈少，如此還會有人想要認真去賣掉過時的存貨嗎？為此，我又打掉了六千多萬的存貨跌價損失，再幫公司針對存貨銷貨設計獎金辦法，該公司的存貨問題才慢慢改善。但光是應收帳款與存貨，總共損失 1 億 3 千多萬，可見應收帳款與存

貨可以看出公司經營的管理能力。

衡量指標三：從「投資」看聚焦力

在美好的過去，會計將公司的投資大致分為兩項：短期性投資（歸類在流動資產的短期投資科目）與長期性投資（歸類為非流動資產的長期投資科目）。過去，投資科目很好分析，並且可以據此大致判斷企業投資的目的。不過隨著經濟活動的發展，長、短期投資被細分為很多細科目，現在財報上的分類及附註揭露，卻很難讓投資人一眼看出企業投資的目的。

2018 年起，這些科目名稱又被修改過一次。如表 3-4，自 2018 年起出現的短期性投資科目有：

1. 透過損益按公允價值衡量之金融資產

2. 透過其他綜合損益按公允價值衡量之金融資產

3. 按攤銷後成本衡量之金融資產

4. 其他金融資產（本不應該有此科目，只是四大會計師事務所部份會計師捨不得停用此科目）

自 2018 年起出現的長期性投資科目有：

1. 在短期性投資會出現的前三種「金融資產」

2. 採用權益法之投資

因為重新分類的緣故，表 3-4 的 2017 年流動資產中「備供出售金融資產」、「持有至到期日金融資產」，以及非流動資產中「持有至到期日金融資產」及「以成本衡量之金融資產」，這幾個科目自 2018 年起不會再出現。

為了讓讀者了解這些科目的意義，財報上的這些科目名稱都很長。但沒有修過或只修過初級會計的一般投資人，看得懂這些科目的意義嗎？修過一定會計的人，能夠據以判斷企業投資的目的及內涵嗎？

我常笑說，這些會計原則修改的好處就是，修改的愈複雜，愈能彰顯出會計是一門複雜且高深的學問，愈能顯示教授與會計師的專業，從而教授們繼續作育英才、會計師們繼續為客戶解除疑惑，並為企業的會計困境提供解決方案。

以上當然是說笑。回到現實面，本書的原則就是簡單易懂，如果要把所有的投資科目詳細說明，並解釋相關會計處理，恐怕我要另寫一本書來介紹。

為了讓讀者更容易的了解企業投資的目的及內涵，我把企業的投資分為「理財性投資」、「策略性投資」以及「策略不明的投資」三個項目來說明。未來讀者在看財報的時候，可以用這三個歸類來了解企業的投資是否聚焦？有無好大喜功？或好賭成性的現象？

表 3-4　近年出現的新會計科目

台積電 2017~2018 合併資產負債表摘要 單位：新台幣仟元	研究財報附註及附表三，去了解投資標的是理財性投資、策略性投資還是策略不明的投資。			
會計項目	2018.12.31		2017.12.31	
	金額	%	金額	%
流動資產				
現金及約當現金	577,814,601	28	553,391,696	28
透過損益按公允價值衡量之金融資產	3,504,590	0	569,751	0
透過其他綜合損益按公允價值衡量之金融資產	99,561,740	5	0	0
備供出售金融資產	0	0	93,374,153	5
持有至到期日金融資產	0	0	1,988,385	0
按攤銷後成本衡量之金融資產	14,277,615	1	0	0
避險之衍生金融資產	0	0	34,394	0
避險之金融資產	23,497	0	0	0
應收票據及帳款淨額	128,613,391	6	121,133,248	6
應收關係人款項	584,412	0	1,184,124	0
其他應收關係人款項	65,028	0	171,058	0
存貨	103,230,976	5	73,880,747	4
其他金融資產	18,597,448	1	7,253,114	0
其他流動資產	5,406,423	0	4,222,440	0
流動資產合計	951,679,721	46	857,203,110	43
非流動資產				
透過其他綜合損益按公允價值衡量之金融資產	3,910,681	0	0	0
持有至到期日金融資產	0	0	18,833,329	1
按攤銷後成本衡量之金融資產	7,528,277	0	0	0
以成本衡量之金融資產	0	0	4,874,257	0
採用權益法之投資	17,865,838	1	17,861,488	1
不動產、廠房及設備	1,072,050,279	51	1,062,542,322	53
無形資產	17,002,137	1	14,175,140	1
遞延所得稅資產	16,806,387	1	12,105,463	1
存出保證金	1,700,071	0	1,283,414	0
其他非流動資產	1,584,647	0	2,983,120	0
非流動資產合計	1,138,448,317	54	1,134,658,533	57
資產總額	2,090,128,038	100	1,991,861,643	100

資料來源：公開觀測資訊站，作者彙整

大會計師教你
從財報數字看懂經營本質

理財性投資宜趨吉避凶、穩健保本

　　企業經營的使命是獲利，特別是來自本業的獲利。如果企業的本業無法獲利，而是靠著非本業例如股票、不動產買賣或兌換損益來賺錢，並不值得驕傲。因為非本業的獲利多不可靠、不長久；今年有，明年不一定賺得到。

　　一個追求從本業獲利的企業，如果要運用手頭上的閒置資金來獲利，通常會以「趨吉避凶」的方式，也就是不以投機方式來賺取報酬。在「趨吉避凶」的理財原則下，最好是購買債券或是非常穩健的股票，問題是全世界很少有只漲不跌，或是很牛皮的穩健股票，所以購買債券相關標的比較好，畢竟企業理財不宜暴露在太高的風險當中。

　　依會計原則，企業投資債券性質之證券，其帳列之科目主要為「透過其他綜合損益按公允價值衡量之金融資產」，其次是「按攤銷後成本衡量之金融資產」，最後才是「透過損益按公允價值衡量之金融資產」，可參考表 3-5。

　　理財性投資不像其他科目如「現金」、「應收帳款」及「存貨」，只要看資產負債表上的數字就可以分析了。對於企業的理財性投資，我們必須要查閱諸項金融資產的附註甚至附表，才能知道他到底投資些什麼，才能判斷企業的理財性投資是否遵守不暴露在重大風險下的原則。

要了解台積電理財性投資的明細，可以查看上述金融資產科目在財報中的附註及附表三（依據證期局規定，企業必須將持有的每一種有價證券，全部揭露在附表三中）。經由附註及附表三（台積電 2018 年的附表三總計有 21 頁），我們了解台積電的「透過損益按公允價值衡量之金融資產」、「透過其他綜合損益按公允價值衡量之金融資產」及「按攤銷後成本衡量之金融資產」三個科目，大部份的投資標的都是政府債券、政府機構債券及知名銀行、企業的公司債，這些都是理財性投資而且都符合風險性低的紀律性要求。

策略性投資宜聚焦在與本業相關企業上

一個公司若持有或投資股票，依會計原則規定：

1. 若持有被投資公司股份不超過 20％，除非有反證，應帳列「透過損益按公允價值衡量之金融資產」或「透過其他綜合損益按公允價值衡量之金融資產」。

例如台積電投資茂迪、台灣信越半導體、聯亞科技等 20 餘家中外企業，其持有股份並未超過 20％，因此這些投資的目的，究竟是理財還是策略性投資，就很難從財報中看出來。

2. 若持有被投資公司股份超過 20％，因投資比例重大，已經讓投資企業對於被投資企業具有一定影響力，所以除非有反證，否則應帳列「採用權益法之投資」。例如台積電已將世界先進（晶

表 3-5　從台積電投資項目看聚焦力

台積電 2017~2018 合併資產負債表摘要 單位：新台幣仟元			1. 理財性投資以穩健保本無原則，忌諱過度追求資本利得。 2. 策略性投資宜聚焦在本業或核心競爭力所在之產業。		
會計項目	2018.12.31			2017.12.31	
	金額	%		金額	%
流動資產					
現金及約當現金	577,814,601	28		553,391,696	28
① 透過損益按公允價值衡量之金融資產	3,504,590	0		569,751	0
② 透過其他綜合損益按公允價值衡量之金融資產	99,561,740	5		0	0
備供出售金融資產	0	0		93,374,153	5
持有至到期日金融資產	0	0		1,988,385	0
③ 按攤銷後成本衡量之金融資產	14,277,615	1		0	0
避險之衍生金融資產	0	0		34,394	0
避險之金融資產	23,497	0		0	0
應收票據及帳款淨額	128,613,391	6		121,133,248	6
應收關係人款項	584,412	0		1,184,124	0
其他應收關係人款項	65,028	0		171,058	0
存貨	103,230,976	5		73,880,747	4
其他金融資產	18,597,448	1		7,253,114	0
其他流動資產	5,406,423	0		4,222,440	0
流動資產合計	951,679,721	46		857,203,110	43
非流動資產					
透過其他綜合損益按公允價值衡量之金融資產	3,910,681	0		0	0
持有至到期日金融資產	0	0		18,833,329	1
按攤銷後成本衡量之金融資產	7,528,277	0		0	0
以成本衡量之金融資產	0	0		4,874,257	0
④ 採用權益法之投資	17,865,838	1		17,861,488	1
不動產、廠房及設備	1,072,050,279	51		1,062,542,322	53
無形資產	17,002,137	1		14,175,140	1
遞延所得稅資產	16,806,387	1		12,105,463	1
存出保證金	1,700,071	0		1,283,414	0
其他非流動資產	1,584,647	0		2,983,120	0
非流動資產合計	1,138,448,317	54		1,134,658,533	57
資產總額	2,090,128,038	100		1,991,861,643	100

① + ② + ③為理財性投資，投資標的主要為國際型企業之公司債及美國政府或機構之債券
④為策略性投資，投資對象主要為SSMC（39%）、世界先進（28%）、精材（41%）、創意（35%），皆與台積電本業相關

資料來源：公開觀測資訊站，作者彙整

圓代工）、創意（IC 設計）、精材（IC 封裝）等五家公司納入權益法之投資，這些投資就很明顯具有策略上的目的。

3. 若持有被投資公司股份超過 50％，已經讓投資企業對被投資企業具有主導力，所以除非有反證，否則於個體報表應帳列「採用權益法之投資」，且除非有反證，否則亦應編入合併報表。例如台積電投資約 20 家海內外公司，以協助母公司生產（例如南京 12 吋晶圓廠）、工程技術支援（例如 TSMC Canada）、售後服務（例如 TSMC North America）等。這些投資的財務數字因為已經列入合併報表，所以合併報表上的「按權益法之投資」這個科目是看不到這 20 家公司的。

我們參考表 3-5，一個穩健經營且充份聚焦的公司，其投資超過被投資公司 20％以上股權的標的，大多與本業有關。例如台積電投資超過 50％股權而編入合併報表的公司，大多是台積電在技術、生產、研發及售後服務等功能的外圍事業；台積電投資超過 20％、但不超過 50％的公司，大多是台積電的上游廠商（例如創意）、平行廠商（例如世界先進）、或是下游廠商（例如精材），以確保上游的原料或機器設備來源，或是保障下游封測的品質，抑或是進行策略聯盟，以強化產業競爭力。

從台積電歷年的報表來看，台積電很少大規模去投資本業以外的產業，唯一非本業的重大投資就是茂迪。然而，以經營能力這麼好的台積電，投資茂迪仍以失敗告終，畢竟隔行如隔山，投

資本業以外的產業，很容易因不熟悉市場而失敗。

另外如統一超，因為統一超的核心競爭力就是開連鎖店，因此轉投資主要是以流通業為主，例如投資星巴克、康是美、聖娜多堡等連鎖店，以及外圍之資訊及配送業務如安源資訊、統一速達、大智通等。我發現，台南幫食品生產及流通業務的經營績效或投資，往往也比大多數「業外」或「跨業」的經營績效或投資更出色。

因此，投資人要了解企業策略性投資是否聚焦，必須了解企業的核心競爭力和產業上下游的關係，並耐心閱讀企業合併及個體財報的附註，才能了解其投資內容。

策略不明的投資愈少愈好

策略不明的投資指的是，既不是理財性投資，也不是專注本業的策略性投資，這些投資來源可能是：

1. 前人留下：

和一個家庭一樣，一個企業愈是久遠，愈會有一些前人留下來的拉拉雜雜、瓶瓶罐罐的東西。這些東西會散佈在各種科目，尤其是閒置資產、出租資產、投資性不動產及策略不明的投資等。

十年前我曾經有幸去拜訪過一家成立超過70年的企業，這家企業資產豐厚，擁有價值十幾億的台北市最精華地段不動產，但帳列成本僅十多萬。至於「瓶瓶罐罐」也很嚇人，包括擁有偏遠地區已經停工數十年的礦場。

2. 投資失敗：

企業有時基於多角化經營或追求突破創新而試圖跨業經營，但如果失敗了往往會留下食之無味、棄之可惜或待處分的投資。例如台積電直到 2018 年第四季才將投資失敗的茂迪股票完全出清。

3. 共襄盛舉：

企業經營有時會因為人情世故而做一些與本業沒有關係的投資。例如報載大陸北京清華大學 EMBA 總裁班 34 位同學共同投資一家餐廳，三年後這家餐廳因為經營不善而宣告破產。企業因為人情世故而進行非本業投資的案例不勝枚舉。

4. 不當投資：

企業運用手頭上閒置資金若想獲取資本利得，可能會從事風險性投資。若企業沒有核心思想或沒有風險意識去從事

大額投資，就會相當危險。

例如台鳳原本是一家從事食品、飲料製造，並栽種香蕉、木瓜、鳳梨等農產品外銷日本的企業，卻在 1997 年之後做了一個大轉型，轉型為建設公司。後來發現房子賣不好，接著又想手上土地很多，因此把土地拿去向銀行抵押借款並且專門炒股票，反映在財報上，表 3-6 這張報表即可看出異常。

從報表來看，會發現台鳳這家公司本業是不清楚的。在 1997 年、1998 年的時候，整體資產大概 307 億元，短期投資五億多元都用在炒股票，接著借 48 億元給關係人等去炒股票。

至於長期投資方面也是用 26 億元成立了很多子公司，用來炒股票。買賣股票獲利與台鳳的本業是悖離的，且投資項目大多與本業無關，投資策略完全失焦，很快的，這家公司就在 2000 年宣告倒閉。

5. 轉型失焦：

企業若擁有太多資源，經營者可能會利用這些資源去從事多角化經營或投資自己喜歡的產業。多角化經營在四十年前曾經蔚為風潮，認為可以讓企業經營更穩健。

但隨著產業競爭愈發激烈，企業大多僅從事單一事業並致力於提高核心競爭力、追求以核心競爭力為主的擴張。例

表 3-6　台鳳從事非本業之不當投資

台鳳 1997~1998 資產負債表摘要 單位：新台幣仟元					1. 短期投資主要為上市公司股票，並有質押情形。 2. 其他應收款主要係借予關係人，從事股票投資。 3. 長期投資多與本業無關。	
會計科目	1998.12.31		1997.12.31			
	金額	%	金額	%		
流動資產						
現金及約當現金	$ 38,506	0.13	$ 352,670	1.84		
短期投資〔減備抵跌價損失 1998 年 132,998 元及 1997 年 14,363 千元〕	559,013	1.82	439,680	2.30		
應收票據〔減備抵壞帳 1998 年 26,550 千元及 1997 年 1,659 千元〕	121,575	0.40	148,405	0.77		
應收票據—關係人〔減備抵壞帳 1998 年 101 千元及 1997 年 57 千元〕	33,930	0.11	57,041	0.30		
應收帳款〔減備抵壞帳 1998 年 151,155 千元及 1997 年 63,977 千元〕	149,372	0.49	530,638	2.77		
應收帳款—關係人〔減備抵壞帳 1998 年 238,116 千元及 1997 年 229,303 千元〕	87,854	0.29	28,496	0.15		
其他應收款—非關係人〔減備抵壞帳 1998 年 17,068 千元及 1997 年 12,000 千元〕	686,524	2.24	2,250,270	11.77		
其他應收款—關係人〔減備抵壞帳 1998 年 15,395 千元及 1997 年 0 千元〕	4,198,424	13.67	314,640	1.64		
存貨—買賣業	211,005	0.69	273,251	1.43		
存貨—製造業	134,611	0.44	173,831	0.91		
待售房地	1,344,425	4.38	637,097	3.33		
在建房地	9,379,061	30.54	2,390,255	12.50		
預付款項	239,415	0.78	165,791	0.87		
遞延銷售費用	225,670	0.73	225,459	1.18		
受限制銀行存款	302,000	0.98	-	-		
已出售待過戶土地	8,346	0.02	8,346	0.04		
流動資產合計	17,719,731	57.71	7,995,870	41.80		
長期投資						
長期股權投資	2,610,081	8.50	1,547,078	8.09		
出租資產淨額	351,459	1.14	354,518	1.85		
長期投資合計	2,961,540	9.64	1,901,596	9.94		

資料來源：公開觀測資訊站

大會計師教你
從財報數字看懂經營本質

表 3-7　大同 2018 合併報表之上市櫃公司及其主要產品

企業體	主要產品
大同	發電機、電表、配電器、變壓器、馬達、電線電纜、3C 家電、智能電子
華映	中小尺寸面板
福華	背光模組、LED 照明
大世科	電腦軟硬體系統整合
尚志	二極體矽晶圓、藍寶石晶棒
尚化	電裝塗料、電池正極材料
綠能	太陽能矽晶圓

大同以有限資源從事的業務，包括電機、家電、面板、半導體、太陽能及系統整合等六大產業。
資源不但分散得很厲害，更讓人看不出其核心競爭力。

資料來源：作者彙整

如台達電的核心競爭力就是節能，統一超就是通路資源，台積電就是晶圓代工技術。

　　要多角化經營最好由大股東成立個別公司，讓每一家公司都能專注本業，例如遠東集團就做的很好；其次是將企業轉型為單純的控股公司，並且讓旗下的子公司都只專注一項事業，例如金控本身僅從事集團內部協調工作，讓旗下的各個子公司專注從事證券、銀行、保險等專業。我從事會計師業務三十餘年，看到不少經營績效卓著的公司，因為不能專注本業或是轉型失焦而沉淪，殊為可惜。美國奇異（GE）

及台灣大同都是案例，細項可參考表 3-7。

6. 其他原因：

　　企業有時會因為莫名原因而投資或取得股票及證券。例如台南幫曾因美國王安倒閉而意外透過安源取得台灣王安經營權。例如一些發行可轉換公司債的公司，在發行後不久，就會去投資一些特定的海外基金。另外如台積電因為張汝京離開世界先進之後在中國大陸成立中芯半導體，接著從台積電挖角大量人才，因此台積電在美國狀告中芯半導體，官司獲勝後法院判決中芯必須賠償台積電，台積電因此擁有一批中芯股票。目前台積電帳上還有尚未賣完的中芯股票。

評估「投資項目」的關鍵點

- **經營者**：理財性投資以穩健保本為原則，策略性投資以本業或與本業相關為原則。
- **投資人**：如果公司在炒股票，或是非本業投資過高，其經營風險將大幅拉升，應留意。當公司投資特定非本業的事業或公司時，可能代表本業前景不佳或欲多角化經營，基於跨業難度高，此時投資宜謹慎。當企業以小吃大時不是大利多就是大利空。

從財報上來看，策略不明的投資可能出現在「透過其他綜合損益按公允價值衡量之金融資產」、「透過損益按公允價值衡量之金融資產，以及「採用權益法之投資」。洞悉其投資目的，端賴投資者努力研究標的公司的產業知識並耐心閱讀及分析其財報。在公司治理上，策略不明的投資是最要不得的投資，追求聚焦及卓越的公司，會盡早的處理掉這種與本業無關的投資。

衡量指標四：從「不動產、廠房及設備」看競爭力

　　在資產負債表中的「不動產、廠房及設備」合成一個金額，例如台積電這個科目的金額高達一兆元。但如果我們去看附註，會發現這個科目會被拆成兩個金額，一個是「原始成本」，一個是「累計折舊」。

　　「原始成本」指的是當初購買這項財產所花的錢。因為廠房與設備會隨著時間逐漸老舊或損毀，價值逐年降低，因此會計上必須提列折舊。例如企業購買一張桌子花了一萬元，認為這張桌子可以使用五年，那麼這張桌子每年要提二千元的折舊費用，又因為考量以後能夠看到原始成本的資料，所以創造一個科目叫「累計折舊」，將「原始成本」減「累計折舊」就是它的淨值（淨額），就是財報上「不動產、廠房及設備」這個科目的金額。

　　要知道「原始成本」和「累計折舊」各是多少，可以查閱財

報中「不動產、廠房及設備」這個科目的「附註」,附註裡皆有詳細的記載。

如果一項設備已經報廢,依會計原則必須從上述科目中剔除;如果長期沒有在使用,依會計原則必須轉列「閒置資產」科目;如果不動產及廠房出租給他人使用,就會改放到「投資性不動產」這個科目。

發生上列情形的資產都不會在「不動產、廠房及設備」這個科目中出現,因此會出現在這個科目及其附註中的,就表示這些都是公司正在使用的土地、廠房及設備。另有一情形,當企業將設備租予他人使用時,這些出租的設備仍然放在此科目中,但附註中須獨立列示。由於這種情形很少,在此忽略之。

表 3-8 是台積電 2018 年財報第 56 頁有關「不動產、廠房及設備」的附註說明。依規定每家上市櫃公司都必須如此揭露。從這張表中我們可以看到,台積電使用中的不動產、廠房及設備的原始成本高達 3.37 兆元,這個金額是「嚇死人的高」,但已經折舊了 2.3 兆元,所以現在資產負債表上的淨額剩下 1.07 兆元。

我們可以用以下三個標準來研究「不動產、廠房及設備」這個科目,從而評估一家公司的競爭力:

標準一:設備是否夠新

理論上,設備愈新,企業愈具備競爭力。我們可從台積電

表 3-8 從不動產、廠房及設備看台積電之競爭力

台積電 2018「不動產、廠房及設備」附註說明摘要 單位：新台幣仟元	台積電折舊攤提年限：建築物：10~20 年（同業 20~56 年）機器設備：2~5 年（同業 3~11 年）辦公設備：3~5 年（同業 1~9 年）					
	土地及土地改良	建築物	機器設備	辦公設備	待驗設備及未完工程	合計
成 本						
2018 年 1 月 1 日餘額	$ 3,983,243	$ 379,134,613	$ 2,487,752,265	$ 42,391,516	$ 167,353,490	$3,080,615,127
增加（減少）	-	40,396,404	247,042,281	6,773,376	5,812,340	300,024,401
處分或報廢	-	（ 410,891 ）	（ 5,972,482 ）	（ 790,793 ）	-	（ 7,174,166 ）
匯率影響數	28,110	（ 405,841 ）	（ 61,937 ）	8,180	（ 254,841 ）	（ 686,329 ）
2018 年 12 月 31 日餘額	$ 4,011,353	$ 418,714,285	$ 2,728,760,127	$ 48,382,279	$ 172,910,989	$ 3,372,779,033
累計折舊及減損						
2018 年 1 月 1 日餘額	$ 510,498	$ 194,446,521	$ 1,795,448,842	$ 27,666,944	-	$ 2,018,072,805
增 加	20,900	24,293,366	258,195,315	5,615,316	-	288,124,897
處分或報廢	-	（ 398,955 ）	（ 4,773,589 ）	（ 789,993 ）	-	（ 5,962,537 ）
減損損失	-	-	423,468	-	-	423,468
匯率影響數	19,177	（ 33,210 ）	（ 15,128 ）	32,862	-	70,121
2018 年 12 月 31 日餘額	$ 550,575	$ 218,374,142	$ 2,049,278,908	$ 32,525,129	-	$ 2,300,728,754
2018 年 12 月 31 日淨額	$ 3,460,778	$ 200,340,143	$ 679,481,219	$ 15,857,150	$ 172,910,989	$ 1,072,050,279

資料來源：公開觀測資訊站

2018 年財報第 56 及 57 頁看出，台積電 2018 年及 2017 年兩年合計增加了 6,200 多億元的廠房及設備。這個增添金額是同業 2018 年及 2017 年廠房及設備增添數的十多倍，你說台積電在買設備上是不是砸錢不手軟？

標準二：錢是否花在刀口上

有些公司在上市上櫃集資，拿到錢之後，第一件事就是置辦豪華的辦公大樓、更新辦公設備，再請漂亮的接待小姐坐櫃檯；但是也有很多公司在上市櫃後，仍然非常克勤克儉，將錢花在會賺錢的事務上。

　　經驗告訴我，一個愈把錢花在刀口（比如生產設備）上的公司，競爭力愈強。比如鴻海、華碩、微星都是非常勤儉的公司，他們沒有將公司搬到市中心，也沒有把太多的資金投注在奢華的辦公室裝潢上。資源愈聚焦的公司，往往愈優秀。

　　從表 3-8 來看，台積電 2018 年花費成本金額最高的是機器設備，高達 2 兆 7 千億元。其次是建築物 4 千多億元。建築物大部分是晶圓廠房，因為晶圓代工的廠房必須做到無塵或低塵，所以特別貴，晶圓代工的廠房其實也可視為設備；再加上其他未完工程，三者加總超過 98％，顯示台積電的確將錢放在設備（刀口）上。

標準三：折舊政策

　　折舊政策是指廠房及設備如何攤提折舊？用幾年攤？台灣大部分企業都是採用直線法（即平均法）提列折舊，比如按五年攤提，每年折舊費用都一樣。至於用幾年攤提就是一門藝術了！比如一項設備原始成本是三億元，用四年及六年攤提的差異在：

1. 兩者每年的折舊費用分別是 7,500 萬元及 5,000 萬元，亦即折舊年限較短的企業，每年的折舊費用較折舊年限長的

企業高，因為初期的費用較高，其初期的損益會比較不好看。

2. 但是前者折到後期的時候，折舊提完了，不再負擔折舊費用，損益表會比後者好看。

折舊年限較短的企業透過先苦後甘的方法，忍受過前幾年的高成本後，在幾年後會較同業更具成本優勢，亦即折舊年限較短的企業具有較高的競爭力。

據悉，台積電機器設備的折舊年限是五年，比同業的折舊年限要少一年。少一年對台積電來講，一年的折舊費用就相差約400億，我們可以形容，如果同業的利潤是原汁果汁，台積電較短的折舊年限所呈現出來的損益就是濃縮果汁。

台積電因為每一個奈米製程都比同業早，折舊年限又比同業短，當相同奈米設備的折舊提列完畢時，同業可能才提到一半而

評估「不動產、廠房及設備」的關鍵點

- **經營者**：企業的資本支出應花在刀口上，折舊政策宜短不宜長。
- **投資人**：公司的「不動產、廠房及設備」是否用在刀口上，還是花在很難生財的辦公大樓、出租資產或投資性不動產上面。投資人甚至可以到現場實地觀察。

已。這又會造成台積電同奈米產品的成本優勢，台積電的折舊政策搭配領先的奈米製程讓他更具競爭力。

衡量指標五：從「其他及閒置資產」看企業文化

以上所提科目之外的資產，如存出保證金、待出售非流動資產、商譽、閒置資產、投資性不動產、遞延所得稅資產等等，這些科目的特徵是大多不能直接為企業帶來正常的營業利益，所以我把他們統稱為「其他資產及閒置資產」。另外有一類的財產是你有，但同業沒有或很少，比如有些公司的其他應收款、預付款項、預付租金等比同業大很多，這些也可以歸類為「其他資產及閒置資產」。

一家追求卓越的企業，其資產要盡量是為了營運獲利之用的。凡是不能達到這個目的的資產，應該愈早變現成現金或與負債相抵愈好。一張乾淨的資產負債表中，這些不會讓企業賺取本業利益的資產應該愈少愈好。因此，「其他資產及閒置資產」愈少，總資產愈少，企業的營運效能（營收／總資產）就愈高；總資產愈少，跟銀行借的錢就愈少，或是股東權益可以降低，股東關注的 EPS 以及評估經營者能力的 ROE 就愈高。

「其他資產及閒置資產」的財產可以分成三類：第一類是商譽及客戶關係，第二類是出租資產、閒置資產及投資性不動產，

第三類是上述以外的其他資產。

第一類：無形資產中的商譽及客戶關係

　　有些企業基於業務需要購入看不到、摸不著的資產，比如台積電會買一些專利及專門技術，統一超必須預付 7-11 的經銷權利金，南山人壽最近導入新的資訊系統等等。這些支出所取得的資產雖然看不到、摸不著，但大多可以為企業帶來商業利益，會計上就將它們歸類為「無形資產」。

　　這些因為商業需要所取得的無形資產，相對於企業的規模，金額都不會太大。真正會讓企業的無形資產科目大到引人注目地步的，往往是因為併購產生的商譽及客戶關係（或稱客戶名單）等。

　　所謂客戶關係、商譽就是企業在購併其他公司時，所花的錢多過被併購公司可以找到的淨資產價值時，這些超過的錢必須要有個說法，譬如因為被收購公司掌握的客戶群能為該公司賺取超額利潤，那麼這個客戶名單就是有價值的無形資產了，就可以將超過的錢分攤到客戶關係這個項目。如果經過分攤後仍然還有分攤不掉的部分，也就是當你都找不到理由，也無法舉證的時候，就列為商譽。

　　例如，如興花了約 100 多億元併購玖地，找遍玖地所有財產的市價減去負債只值 20 億元，經過一番評估後認為玖地的客戶群非常有價值，約 22 億元，剩下約 60 億元找不到去處就是商譽了。

併購產生商譽是很正常的。假設今天蘋果想要以 6 兆元台幣（台積電 2018 年市值概估）買下台積電，但台積電截至 2018 年底的帳面淨值只有約 1 兆 6,800 億元。這差額 4 兆 3,200 億元必須有個去處，於是大家一起找台積電帳上低估的資產，假設發現不動產市值多出 200 億；等到有形資產找不到了，就開始找無形資產，比如台積電的生產技術獨步全球，而且還有許多專利，共值 1 兆 3 千億元。現在剩下 3 兆元不知擺那裡，就可以歸類在客戶關係或是商譽了。

　　在會計上客戶關係及商譽都是「比較虛」的資產。它不像設備可以生產，不像現金可以立刻使用，也不像股票有市價，且有市場可以賣掉，唯一能證明商譽及客戶關係存在的只能是，併購企業藉由購買這些資產可以比沒有這項資產的同業會賺錢。反之，如果不能比沒有這項資產的同業會賺錢，客戶關係和商譽就不存在，必須認列減損損失。

　　客戶關係和商譽主要的不同在，客戶關係價值必須在假設存在的年限內攤銷，例如如興的客戶關係就按 10 年攤銷，意即每年必須認列 2.2 億元的費用。而商譽是只要企業因併購，預計能產生的利益能夠一直產生，就可以原封不動的放在報表上「萬古長青」。可是一旦併購利益不再存在了，客戶關係和商譽價值常常會被一擼到底。以美國奇異（GE）為例，因為評估其電力事業部門獲利沒有達到預期，因此在 2018 年 11 月打掉將近 230 億美元的商譽。

為何說是一撸到底？這和人性有關！因為大股東和每一任的CEO 都必須努力達成預計的盈餘，以免股價不保或是績效不彰。當公司獲利不佳，還必須再提列商譽損失，那股價豈不就崩盤了！所以只要原有的大股東或 CEO 還在位，就會為商譽不需要提列減損或少提減損而和會計師「奮戰不懈」。反之，當公司因績效不彰被併購，大股東換人做，或是新 CEO 上任，為了重新洗牌，客戶關係和商譽就會列在嚴打之列！例如將商譽打掉以降低每股淨值，以利大股東低價增資，或是讓新任 CEO 的任期初始比之前的損益數字好看。

對於銀行與債權人來說，客戶關係和商譽的價值很難衡量，很難用「商譽很高」的訴求把錢借給公司。一個商譽很高的公司，代表該公司喜歡運用併購來擴張事業，如果併購可以協助企業擴大規模、提升經營效率與獲利絕對是好事；但如果無法獲利，商譽就有立刻被打掉的問題發生。

對於投資人來說，如果一家公司有金額很大的客戶關係和商譽時，就必須留意它有沒有賺到符合預估值的獲利，如果有就萬事大吉，如果這家企業連著二、三年沒有賺到應有的錢或甚至虧損，就要小心因為提列客戶關係及商譽減損的損失，一棒打下來就能把股價打成「重傷」甚至「半身不遂」。總之這兩個會計科目是平時沒事，一有事就會出大事的科目。

第二類：投資性不動產及閒置資產

通常一家公司經營得愈久，愈會產生一些拉里拉雜的資產出來，比如原來供生產的辦公大樓、廠房或設備因故不再使用。當不再使用的不動產租給別人時，財報上會改列為「投資性不動產」；但是當不再自用的設備租給別人時，財報上依然放在「不動產、廠房及設備」這個科目，只不過附註中必須獨立列示，不得與正常使用的設備放在一起。如果不動產、廠房或設備沒有租出去或租不掉而閒置的時候，財報上就轉列為「閒置資產」。

大同由於歷史悠久，在歷史的沉澱下，其投資性不動產在2018 年底達 273 億元之多，但觀察每年由投資性不動產所產生的租金或其他收益相當有限。我還是強調，一家追求卓越的公司，應該努力從本業去賺取利益，並將與本業經營無關的資產經由出售或再利用將其降到最低，以提高營運效能、EPS 及 ROE。

第三類：上述以外的其他資產

企業經營時如果財報上有些科目是同業沒有，但你關注的企業有，或是大家都有，但是你所關注的企業其金額比別人大很多時，很可能是企業因故必須屈服於特殊的經營環境，導致無法有效率及有效果的運用資源，發現這種情形時，經營者及投資人都必須特別警惕。

比如 2018 年底如興財報上的「其他應收帳款」為 10.9 億元，

「預付款項」為 14.7 億元，「待出售非流動資產」15.6 億元，金額明顯比同業高很多。另外，同期間大同的「其他應收款」、「預付款項」及「其他非流動資產」金額也比同業高，應盡快降低這類資產的金額。從表 3-9 來看，台積電的「其他資產及閒置資產」只有約 400 億元左右，且大部份都是對企業經營有用的資產，其比率只有 2％，比大部份公司的比率少很多。

衡量指標六：從短期負債科目看還款壓力

　　一家公司的財務結構如果相當的健全，例如表 3-10 的台積電合併資產負債摘要，其負債比率低、流動比率高時，投資者對負債科目及金額就不需要太在意，甚至可以不用細看。總之少看少傷腦，還可保健視力。

表 3-9　台積電的閒置資產比率極低

台積電 2017~2018 合併資產負債表摘要 單位：新台幣仟元	無形資產主要為： • 商譽 58 億 • 技術權利金 22 億 • 電腦軟體設計費 66 億 • 專利權及其他 24 億			
會計項目	**2018.12.31**		**2017.12.31**	
	金額	%	金額	%
流動資產				
現金及約當現金	577,814,601	28	553,391,696	28
透過損益按公允價值衡量之金融資產	3,504,590	0	569,751	0
透過其他綜合損益按公允價值衡量之金融資產	99,561,740	5	0	0
備供出售金融資產	0	0	93,374,153	5
持有至到期日金融資產	0	0	1,988,385	0
按攤銷後成本衡量之金融資產	14,277,615	1	0	0
避險之衍生金融資產	0	0	34,394	0
避險之金融資產	23,497	0	0	0
應收票據及帳款淨額	128,613,391	6	121,133,248	6
應收關係人款項	584,412	0	1,184,124	0
其他應收關係人款項	**65,028**	**0**	**171,058**	**0**
存貨	103,230,976	5	73,880,747	4
其他金融資產	18,597,448	1	7,253,114	0
其他流動資產	**5,406,423**	**0**	**4,222,440**	**0**
流動資產合計	951,679,721	46	857,203,110	43
非流動資產				
透過其他綜合損益按公允價值衡量之金融資產	3,910,681	0	0	0
持有至到期日金融資產	0	0	18,833,329	1
按攤銷後成本衡量之金融資產	7,528,277	0	0	0
以成本衡量之金融資產	0	0	4,874,257	0
採用權益法之投資	17,865,838	1	17,861,488	1
不動產、廠房及設備	1,072,050,279	51	1,062,542,322	53
無形資產	**17,002,137**	**1**	**14,175,140**	**1**
遞延所得稅資產	**16,806,387**	**1**	**12,105,463**	**1**
存出保證金	**1,700,071**	**0**	**1,283,414**	**0**
其他非流動資產	**1,584,647**	**0**	**2,983,120**	**0**
非流動資產合計	1,138,448,317	54	1,134,658,533	57
資產總額	2,090,128,038	100	1,991,861,643	100

資料來源：公開觀測資訊站

大會計師教你
從財報數字看懂經營本質

表 3-10　台積電負債比率低

台積電 2017~2018 合併資產負債表摘要 單位：新台幣仟元	一家企業負債比率低、流動比率高時，投資者對負債科目及金額不需要太在意，甚至可以不用看。			
會計項目	2018.12.31		2017.12.31	
	金額	%	金額	%
流動負債		0		0
短期借款	88,754,640	4	63,766,850	3
透過損益按公允價值衡量之金融負債	40,825	0	26,709	0
避險之衍生金融負債	0	0	15,562	0
避險之金融負債	155,832	0	0	0
應付帳款	32,980,933	2	28,412,807	1
應付關係人款項	1,376,499	0	1,656,356	0
應付薪資及獎金	14,471,372	1	14,254,871	1
應付員工酬勞及董監酬勞	23,981,154	1	23,419,135	1
應付工程及設備款	43,133,659	2	55,723,774	3
本期所得稅負債	38,987,053	2	33,479,311	2
負債準備	0	0	13,961,787	1
一年內到期長期負債	34,900,000	2	58,401,122	3
應付費用及其他流動負債	61,760,619	3	65,588,396	3
流動負債合計	340,542,586	17	358,706,680	18

資料來源：公開觀測資訊站，作者彙整

　　但是如果一家公司的負債比率偏高，流動比率偏低時，就必須留意負債的科目及金額了。

　　了解負債的目的，主要看是否有可能出現負債到期無法償還，而導致公司陷入財務危機。了解一家公司的負債，通常可從兩個角度來看，其一是還款壓力，其二是有否支付利息，只不過近年來利息不高，是否支付利息較不重要，因此我們集中來看是

否有還款壓力。

所謂還款壓力，就是還款時間到了，但你卻沒有錢可以償還，以致公司出現跳票或關門危機的壓力。看一家公司的還款壓力時，原則上非流動負債不需太在意，因為非流動負債不是一年內必須償還，不是立即的壓力。真正立即的壓力在「流動負債」。對企業營運來說，還款壓力最大的是公司債，其他科目的還款壓力強度如下：

公司債 > 應付票據 > 銀行借款 > 應付員工 > 應付帳款 / 費用 > 其他

短期借款、一年內到期長期借款及應付票券

財報中的短期借款、一年內到期長期借款及應付票券絕大部份都是和銀行和票券公司的往來，為了便於說明，在此我們稱之為銀行借款。

為什麼我們要從還款壓力的中間點「銀行借款」來分析？民間有個笑話，如果欠人家五萬元不還，可能會被剁手砍腳；欠人家一百萬元不還，可能會被殺人棄屍，但是如果欠人家一億元不還的話，對方會派人好好保護你，擔心你萬一有個意外，這個一億元就不保了。

這個笑話對公司也依然成立。一家公司最大的單一負債來源

往往是銀行。銀行是一個法人，當你一時無法償還銀行借款時，分行經理基於雙方長久往來的情誼，以及個人績效，不但不會拿你的生命如何，還會想辦法協助你，比如延貸、借新還舊，甚至上下打點幫忙辦理或重啟聯貸，讓企業得以繼續經營下去，這是其一。

其二，我國《公司法》有一個條文，就是公開發行公司如果經營有困難，可以聲請重整。「重整」用最簡單的話來描述就是，為了要創造債權人、股東與員工三贏，被核准重整的公司所有的債務都可以凍結，並與所有債權人協商償還條件，比如降息、減債（債務打折）、延期償還、以債作股等等，藉此讓公司得以繼續經營下去。企業一聲請重整，銀行的債權通常都是降息、減債、延付一起來，所以銀行通常不希望公司聲請重整。

我把「銀行借款」設為一個中間點，就是取企業經營有問題時，銀行會設法保護你。例外是當公司或其負責人出現誠信危機或是已經爆發財務危機，那麼銀行就不會再提供協助，並且往往會在第一時間直接「提示」當初借款時企業所簽發的本票，要求立即償還，並藉此凍結企業存在該行的存款、拍賣借款時所提供的抵押品。

2018 年末華映聲請重整，京城銀行以此違反借款合約，所有借款立刻到期為由，出售華映借款時所提供的擔保品——大同股票；台銀更狠，也以違反借款合約為由，提示借款時所簽發的本

票，讓華映直接跳票，就是明顯的例子。

根據我的執業經驗，除了東隆五金等極少數個案，透過重整而起死回生的企業很少，絕大部分重整的公司都是失敗，甚至於不知所蹤。所以聽到一家公司打算聲請重整時，投資人一定要立刻停損出場。

然而，當媒體爆出一家公司聲請重整時，對於投資人來說通常「為時已晚」。建議投資人閱讀財報時，發現一家公司「負債比率超過 70％，流動比率低於 100％」時，除非是特殊產業（如電力、港埠等），否則應該「速速遠離」；如果流動負債內還有「應付公司債」時，更是應該「立即閃離」。

至於流動負債中有無應付公司債，投資人除了查看有無「一年內到期之公司債」的科目之外，還必須查看「一年內到期之長期借款」附註內容，才能加以確定。

應付票據

應付票據這個科目在其他國家的財報上很少看到，這個科目充份顯現台灣文化或者國情。舉個例子，假設一個公司的付款條件是月結 60 天，這意思是元月份的採購，待到公司二月的結帳日（假設是每個月的 15 日）結完元月份的帳後，公司就會簽發 60 天（通常是 4 月 15 日）到期的遠期支票給供應商。這就是台灣的企業財報上有應付票據這個科目的由來。

其他國家，特別是歐美國家的企業財報上沒有這個科目，是因為他們不允許有遠期支票的緣故。但我發現近年來隨著銀行轉帳付款盛行，這個科目慢慢的在部分公司財報上看不到了。

　　應付票據是公司為了日常經營所需而開出的票據。當公司有財務危機的時候，通常公司的做法就是向收到你票子的公司要求換票，透過換票延後一至三個月付款。通常企業第一次要求換票時，一百張票大概可以收回九十五張，畢竟大部分的債權者多少可以體諒公司財務一時的困難，也看在以後還要繼續做生意的份上同意換票。至於另外那五張為什麼收不回來，有可能是對方要是讓你延了，可能你沒跳票但是換他跳票了！你可能會問，還有五張支票收不回來，還不是要跳票？噢！公司付不出一百張支票的錢，但剩下五張的錢總該能應付過去吧！如果連五張的錢都付不出來，那就活該跳票吧！

　　但是如果財務危機持續下去，幾個月後第二次又去要求換票，那麼這次可能一百張票只能收回七十至八十張。因為債權人可能開始擔心換票企業的財務強度，而故意不讓你換票。如果第三次又來了，可能只能收到五十至六十張，這樣跳票的機會就變大了。而且每換一次票，你會發覺愈來愈多的人跟你做生意時，不願意收你的票，或是要求縮短票期。

應付公司債

然而，還有一種票是無法延期的，就是公司債。當公司欲購買機器設備或是投資新事業，需要大量資金的時候，發行公司債是籌募資金的方法之一。

公司債包含兩種，其一是「可轉換公司債」，其二是「一般公司債」。台灣企業所發行的公司債還款期限通常為 3 到 5 年不等，如果還款期限還很長，基本上問題不大，然而一旦公司債的還款期限在一年之內，它會列在「一年內到期之長期借款」或「一年內到期之應付公司債」科目中。當公司負債比很高，又有一年內必須償還的公司債時，問題就來了。

不同於應付票據還有機會換票，公司債沒有換票的可能。因為公司債主要是由承銷券商散發給投資者。除非特殊狀況，公司債的擁有者大多是與發行企業沒有商業往來的人，他既不是你的往來銀行，也不是你的往來廠商，你甚至不知道擁有這些票據的人是誰，公司債的擁有者只要一到期就會提示票據，企業沒有錢立刻就跳票了。

因此，負債比率偏高、流動比率偏低又有公司債即將到期的公司，是最危險的！公司的經營者必須及早籌錢因應。對於投資人，面對負債比率偏高、流動比率偏低又有公司債即將到期的公司，我的建議是即時停損，並且有多快就跑多快，有多遠就跑多遠。

應付員工酬勞

應付員工薪資、獎金及酬勞之所以排在第四位，是因為台灣的員工都很「善良」，當公司財務出現狀況，短期內無法支付薪水，員工雖會抱怨，但多少能夠體諒。除非長達三、四個月沒有正常發薪，員工實在無法忍受才會群起抗議，如果更久沒發薪可能就會見諸媒體。員工的應付薪資雖然不是立即的危機，然而一旦被外界得知公司長期欠薪，那麼公司的經營危機就會大幅提高。

應付帳款／其他應付款

應付帳款指購買原物料、商品或勞務所發生的債務。台灣企業的付款習慣大多會採「月結幾天或幾個月後付款」。如果在月結日有開遠期支票習慣的企業，會因為開立支票時將應付帳款改列為應付票據，應付帳款金額通常會比較小；採到期日直接透過銀行轉帳付款的企業，其應付帳款的金額就會比較大。

應付帳款的還款壓力遠比應付票據低很多。過去我執業時，基於評估受查者應收帳款可收回性的需要，必須詢問受查者特定客戶應收帳款收款不利的原因，有時就會聽到很可笑的原因。

例如有一次受查者是做連接線的，受查者的業務經理很生氣的告訴我說，客戶告訴他，該公司所提供的連接線裡的銅材料可能含有磷，導致客戶的音響成品會自燃，他們正在查驗此一瑕疵，

如果查到真含有磷，就要採取法律行動索賠十億元；所以查驗期間不能給付貨款，但連接線依然必須按時交貨。

受查者的業務經理及工廠的廠長向我發誓，公司的產品沒有含磷。我笑說這家遲不付款的客戶有財務問題，不僅說受查者的連接線含磷，還向其他公司說其晶片有瑕疵、喇叭音效有問題等，而且全都是口頭提出不同的鉅額賠償金，最後證明根本沒有這回

投資人的關鍵判斷

根據我的執業經驗，除了東隆五金等極少數個案，透過重整而起死回生的企業很少很少，應該說絕大部分重整的公司都是失敗甚至不知所蹤。所以當一家公司聲請重整時，投資人一定要立刻停損出場。

然而，當媒體爆出一家公司聲請重整時，對於投資人通常為時已晚。投資人發現一家公司「負債比率超過 70%，流動比率低於 100%」時，除非是特殊產業（如電力、港埠等），否則應該「速離」。如果流動負債內還有「應付公司債」時，應即「閃離」。至於流動負債中有無應付公司債，投資人除了查看有無「一年內到期之公司債」科目外，還必須查看「一年內到期之長期借款」附註，加以確定。

事，材料一點都沒有問題，但是因為這些「事件」，讓這家公司順利把付錢的時間往後壓，可憐的當然就是那些既要準時交貨，又拿不到貨款，還要被誣陷出貨貨品有問題的廠商了。

其實只要沒有開出支票，一家想賴帳的公司隨便找個理由，就可以讓法院及債權人忙個二、三年，這就是為什麼應付帳款的壓力，比應付票據甚至應付員工薪酬的壓力低的原因。

其他

其他包含應付工程款、合約負債（2017 年之前稱為預收貨款或預收工程款）、應付稅捐還有遞延所得稅負債等帳面估計項目。這些項目不是沒有開立支票，就是金額不大，風險自然不大。

具備結構性
獲利能力

—— 從「損益表」判斷產業內競爭力

企業存在的主要目的是賺錢，損益表就是表達企業如何賺錢以及賺了多少錢的報表，如果說損益表是投資人最關切的財務報表也不為過。我們先介紹損益表的基本架構，讓讀者了解企業如何利用損益表顯示其獲利的過程，再以宏觀的角度去解讀損益表如何表達企業產品有沒有競爭力？經營團隊強不強？有沒有在為未來思考？獲利品質好不好？等等事宜。

損益表的基本架構

損益表的重要科目包括①營業收入、②營業成本、③營業毛利。營業毛利之下會有④營業費用。營業費用又拆成三個主要科目，包括⑤推銷費用、⑥管理費用、⑦研究發展費用，以及⑧營業淨利。

此外還有與公司本業經營無直接因果關係的⑨營業外收支，以及⑩稅前淨利、本期所得稅及稅後淨利，還有大部份人搞不懂的⑪其他綜合損益及綜合損益總額。以下我們以台積電的合併綜合損益表分項說明之。

一、營業收入

營業收入是指一家公司銷售商品與提供勞務的收入總額。從表 4-1 來看，台積電 2018 年的營業收入有 1 兆 315 億元。

二、營業成本

　　營業成本是指一家公司銷售存貨與提供勞務所負擔的成本，包括直接原料、直接人工、製造費用（如水電費等）。從表 4-1 來看，台積電 2018 年的營業成本有 5,335 億元。

三、營業毛利

　　營業收入減營業成本及與關係企業間之未實現利益叫營業毛利，與關係企業間之未實現利益這個科目在大部份公司都不會出現，即使出現了金額也都很小，讀者可以忽略它。從表 4-1 來看，台積電 2018 年的營業毛利是 4,979 億元，毛利率達 48％，這是一個很了不起的比率，晶圓代工或自產的大廠中只有英特爾（Intel）超過這個比率。但台積電 2018 年毛利率卻比 2017 年大降 3％，是最近幾年來毛利率最低的一年。

四、營業費用

　　很多人有疑問，為什麼要把營業成本與營業費用分開來看？簡單來說，營業成本是所銷售貨物的成本，比如便利商店賣出一個便當，營業成本就是生產這個便當的成本，營業費用包含門市聘僱店員之薪資、店租與水電費等費用以及總公司的會計、人事、IT、總務等後勤部門的費用。分開計算的目的，主要是為了釐清並有效分析費用發生的來源。

表 4-1　台積電 2017~2018 合併綜合損益表

台積電 2017~2018 合併綜合損益表摘要 單位：新台幣仟元	損益表是表達企業如何賺錢，以及賺了多少錢的報表，也是四大報表中，投資人最關切的報表。			
會計科目	2018 年度		2017 年度	
	金額	%	金額	%
① 營業收入淨額	1,031,473,557	100	977,447,241	100
② 營業成本	533,487,516	52	482,620,839	49
③ 調整前營業毛利	497,986,041	48	494,830,955	51
與關聯企業間之未實現利益	-111,788	0	-4,553	0
營業毛利	497,874,253	48	494,826,402	51
④ 營業費用				
⑤ 推銷費用	5,987,828	1	5,972,488	1
⑥ 管理費用	20,265,883	2	21,196,717	2
⑦ 研究發展費用	85,895,569	8	80,732,463	8
營業費用合計	112,149,280	11	107,901,668	11
其他營業收益及費損淨額	-2,101,449	0	-1,365,511	-1
⑧ 營業淨利	383,623,524	37	385,559,223	39
⑨ 營業外收入及支出				
採用權益法認列之關聯企業損益份額	3,057,781	0	2,985,941	1
其他收入	14,852,814	2	9,610,294	1
外幣兌換淨益（損）	2,438,171	0	-1,509,473	0
財務成本淨額	-3,051,223	0	-3,330,313	0
其他利益及損失淨額	-3,410,804	0	2,817,358	0
營業外收入及支出合計	13,886,739	2	10,573,807	2
⑩ 稅前淨利	397,510,263	39	396,133,030	41
所得稅費用	46,325,857	5	52,986,182	6
本年度淨利	351,184,406	34	343,146,848	35
⑪ 其他綜合損益				
不重分類至損益之項目：				
確定福利計畫之再衡量數	-861,162	0	-254,681	0
透過其他綜合損益按公允價值衡量之權益工具 　投資未實現評價損益	-3,309,089	0	0	0
避險工具之損益	40,975	0	0	0
採用權益法認列之關聯企業之其他綜合損益份額	-14,217	0	-20,853	0
與不重分類之項目相關之所得稅利益	195,729	0	30,562	0
	-3,947,764	0	-244,972	0

（續下頁）

（接上頁）

後續可能重分類至損益之項目：				
國外營運機構財務報表換算之兌換差額	14,562,386	1	-28,259,627	-3
備供出售金融資產公允價值變動	0	0	-218,832	0
現金流量避險	0	0	4,683	0
透過其他綜合損益按公允價值衡量之債務工具投資未實現評價損益	-870,906	0	0	0
採用權益法認列之關聯企業之其他綜合損益份額	93,260	0	-99,347	0
與可能重分類之項目相關之所得稅費用	0	0	-3,536	0
	13,784,740	1	-28,576,659	-3
本年度其他綜合損益（稅後淨額）	9,836,976	1	-28,821,631	-3
⑫ **本期綜合損益總額**	**361,021,382**	**35**	**314,325,217**	**32**
淨利歸屬於：				
母公司業主	351,130,884	34	343,111,476	35
非控制權益	53,522	0	35,372	0
綜合損益總額歸屬於：				
母公司業主（綜合損益）	360,965,015	35	314,294,993	32
非控制權益（綜合損益）	56,367	0	30,224	0
基本每股盈餘	13.54		13.23	
稀釋每股盈餘	13.54		13.23	

資料來源：公開資訊觀測站

　　營業費用包括三個主要科目：推銷費用、管理費用、研究發展費用，以及兩個小科目：其他費用、預期信用減損損失。其他費用出現的機率很小，就算出現了，金額也

　　<u>預期信用減損損失的</u>白話文就是企業則預期信用減損損失可以放在營業費用或常情形下，金額也不高。所以以下我們就

具備結構性獲利能力——

五、推銷費用

是指一家公司為了推銷商品或勞務所花的費用,比如統一超商的推銷費用包括店員薪資、門市租金與水電瓦斯等費用;或是中華賓士的推銷費用包括聘僱業務員的薪資、展示室的租金、招待客人的咖啡等等,都屬推銷費用的範疇。從表 4-1 來看,台積電 2018 年的推銷費用是 60 億元。

六、管理費用

是指企業的行政管理部門為管理和組織經營所發生的各項費用,包括管理部門、會計部門、人事部門、資訊部門等等部門開支,還包括股務費用、訴訟費用等等。從表 4-1 來看,台積電 2018 年的管理費用是 203 億元。

七、研究發展費用

是指公司為了投資未來,投入在新技術、新製程、新專利或新產品的研發支出。從表 4-1 來看,台積電 2018 年的研發費用是 859 億元。

八、營業淨利

營業毛利減營業費用及其他營業收益及費損淨額後之金額叫
□利。「其他營業收益及費損」淨額這個科目在大部份公司

都不會出現，即使出現了金額也都很小，讀者可以忽略它。從表 4-1 來看台積電 2018 年的營業淨利是 3,836 億元，較 2017 年衰退 20 億元。

九、營業外收入及支出

營業外收入的主要項目包括：

1. 採權益法認列之損益：例如台積電持有創意 35％股權，對於創意所賺的錢，不管有沒有發股利，台積電均必須按創意獲利的 35％承認為此科目的收入。

2. 其他收入：一般主要是所持股票、債券及銀行存款之股利及利息收入。讀者如果有興趣去看台積電的財報附註，會發現台積電 2018 年各項利息收入高達 147 億元。

3. 外幣兌換調整數：主要係以外幣計價之銷貨、進貨或設備採購時，折成台幣入帳的匯率與實際收到或支付外匯時的匯率有所不同產生的匯差。

4. 財務成本：主要是各種借款的利息費用。

5. 其他利益及損失：主要係處份不動產、廠房及設備之損益，或處份投資之損益。

以上說明可以看出營業外收入及支出內容很雜，且這些項目與企業從事獲利活動的本業無關，加以金額通常不大，讀者平時

可以略而不計，如果金額重大時再閱讀相關附註即可。從表 4-1
可看出台積電 2018 年的業外收支淨額是 139 億元，主要來源是利
息收入。

十、稅前淨利、本期所得稅及稅後淨利

營業淨利加減營業外收支可得稅前淨利。稅前淨利減去本期
所得稅是稅後淨利。從表 4-1 可看出台積電 2018 年的稅後淨利是
3,512 億元，獲利金額是全球獲利百名排行榜中，台灣唯一上榜的
公司。觀察台積電 2018 年的毛利大降 3％，為了讓 2018 年稅後
淨利數高於 2017 年的稅後淨利數，想必財務單位應該比往年度更
辛苦的去擠壓數字。

十一、其他綜合損益及綜合損益總額

這兩個科目及內容意義不大，讀者可以不用了解。如果好學
不倦的話，可以看本章最後一段的內容。

從宏觀角度看損益表

張忠謀說企業須具備結構性獲利能力，以下我們就以台積電
的損益表為主軸，從八個宏觀角度，來分析及判斷一家公司的經
營是否具備結構性獲利能力。這八個標準是：

一、營收成長性及穩定性顯示企業競爭力。

二、毛利率穩定性反映企業對價格或生產效能的掌控力。

三、推銷費用的合理性反映產品市場力。

四、管理費用的合理性反映企業管理力。

五、研發費用金額反映投資未來力度。

六、獲利來源表現本業是否具競爭力。

七、稅後淨利或 EPS 是影響股價主因之一。

八、股東權益報酬率（ROE）比 EPS 更能反映經營力。

此外，為了讓好學不倦的讀者知道會計的「偉大」，我們多加個與解讀結構性獲利能力無關的第九項，就是：

九、不必理會其他綜合損益及綜合損益總額。

以下分別說明之。

一、營收成長性及穩定性顯示企業競爭力

一個好的公司，理論上營收要逐年成長，營收成長獲利才會增加。然而產業是有景氣變化的，有時候高有時候低，隨著產業景氣變化，公司的營收理論上也會有起伏，如果景氣好的時候，大家都好你也好，大風來時連豬也會飛，這其實沒什麼好驕傲的。

那麼，如何判斷公司的競爭力有沒有比對手好呢？如果一家公司在景氣好時，營收成長率比別人高；景氣不好時，營收成長率還是比別人高，或是衰退率比別人低，那麼就能顯示這家公司確實較具競爭力。

　　我建議投資人在看一家公司的營業收入時，最好連看三年，每一年都與同業來比較，從長期來看一家公司營收的變化。

　　從表 4-2 可看到，台積電過去三年的營收成長率皆高於同業許多。而且在產業景氣好的時候，台積電的營收成長率比同業高；景氣不好時，台積電的營收成長率還是比同業高，從這個角度來看，台積電的確比同業更有競爭力。

　　我們也從表 4-3 可以看出，華映出事前三年的營收成長率，數字顯示當面板景氣不好時，它跌得比別人重，當景氣回升時，它營收成長卻比同業低，這顯示其競爭力較同業低。

　　另外，如何判斷一家公司的穩定性？如果一家公司不管景氣好不好營收都不會跌，那麼這就是一家非常穩定的公司。比如便利超商這個產業的市場已經飽和，但是統一超的營收非常穩定，並且每年依然繼續增加，表 4-4 顯示統一超在便利商店這個產業具有很強的競爭力。

二、毛利率穩定性反映企業對價格或生產效能的掌控力

表 4-2 台積電近三年之營收與成長率皆大幅高於同業

年度	2018	2017	2016
台積電營收	10,315 億元	9,774 億元	9,479 億元
台積電成長率	6%	3%	12%

年度	2018	2017	2016
同業營收	1,513 億元	1,493 億元	1,479 億元
同業成長率	1%	1%	2%

資料來源：公開資訊觀測站，作者彙整

> 台積電連三年營收與成長率皆大於同業，顯示競爭力優於同業。

表 4-3 華映出事前三年的營收成長率皆低於同業

年度	2018	2017	2016
華映成長率	6%	-31%	-16%
同業成長率	15%	-21%	-15%

資料來源：公開資訊觀測站，作者彙整

> 華映成長率低於同業，跌幅高於同業，顯示競爭力不佳。

　　營收減掉成本等於毛利，我們看成本也等於看毛利，看成本率等於看毛利率。毛利率要穩定，第一種狀況是公司對於價格有掌握能力，當公司可以掌握價格時，他可以設定想要的毛利率，根據這個毛利率反推價格，當成本上揚時，他可以調漲價格去彌

表 4-4　統一超 2016 ～ 2018 年營收持續成長

年度	2018	2017	2016
年營收	1,541 億元	1,445 億元	1,401 億元

資料來源：公開資訊觀測站，統一超個體報表，作者彙整

> 即使市場呈現飽和，統一超商年營收仍每年保持成長，顯示其競爭力佳。

補成本的上揚，從而維持住毛利率。掌控價格的方式有透過規模優勢或專利來控制價格的，OPEC 長久以來就是透過石油產量來控制石油價格，統一超及全家也因為規模優勢而維持很穩定的毛利率。

掌控價格的另一種方式是因為品牌夠硬，讓它可以不必降價，和泰汽車所販售的 Toyota 及 Lexus 汽車的品牌就夠硬，讓他一直維持著很穩定的毛利率。另一種掌控價格的方式是透過不斷的研發，藉由新產品對客戶的吸引力來穩住價格，台積電就是透過奈米製程的不斷提升來維持整體毛利率的，此外台積電的規模優勢也是因素之一。

還有一種是公司透過自律方式，就是只承接一定毛利率以上的訂單，台灣有很多傳產製造業是這樣接單的。維持毛利率的最後一種方法不是藉由掌控價挌，而是藉由不斷提升良率、效率或是壓低原料成本去維持毛利率，這種方式我們稱為生產效能的掌控。台灣大多數的電子代工企業都是這樣維持毛利率的，即便鴻

海也是這樣。

天下沒有白吃的午餐，只是有人可以吃得比較久，有人沒多久就被趕下餐桌。在掌控或維持毛利率這張餐桌上吃飯，依其持久度順序如下：

1. 具有產量、通路或專利的明顯優勢者。

2. 具有品牌優勢者。

3. 具技術優勢者。

4. 行業特性或對價格有所堅持的傳產業者。

5. 致力提升生產效能者。

以下我們依這五大類分別加以介紹：

1. 具有產量、通路或專利的明顯優勢者

統一超的毛利率大約維持在 34％左右。統一超之所以具有掌控價格的能力，是因為它在全省有超過五千家的門市，每天前往消費的人潮川流不息。讀者想想，你一週走進統一超門市多少次？當一家公司在便利商店的通路規模具備明顯優勢時，自然能夠設定售價從而穩守毛利率，像這樣的公司，股價一定高。

統一超這種公司的毛利率一定很穩定，如表 4-5，但是如果

哪天毛利率突然大跌，例如跌到 32％，喔！這通常表示出大事了！例如全聯搶進便利商店通路有成，或是非統一超的無人便利商店大興起，這時投資人就要特別小心了。

2. 具有品牌優勢者

很多開車族知道牛頭牌（Toyota）和 Lexus 的車子開不壞，導致要換車時不知如何是好。另外同樣是 E class 的車，Lexus 的車硬是比 Benz 便宜將近 100 萬，這讓很多想要騷包，但又不想當冤大頭的人改買 Lexus。因為牛頭牌和 Lexus 在台很受歡迎，Toyota 和 Lexus 長期以來佔有台灣汽車約三成的市場。其實我也是 Toyota 及 Lexus 的喜好者，前後買過八部他們的車，不知為何沒有表揚我？和泰汽車是 Toyota 及 Lexus 的總代理商，和泰汽車的毛利率也非常的穩定，如表 4-6。

以品牌優勢勝出的企業必須要不斷的維護品牌價值，其毛利率一樣禁不起跌，只要毛利率跌了，或毛利率不跌但推銷費用率大漲，就表示品牌掉漆或是新產品失利，投資人要特別小心了。

有些人可能會好奇和泰汽車的推銷費用為何這麼低，這麼低有兩個原因：第一是因為車價本來就高，導致營收特別高。第二是因為和泰是總經銷，只負責品牌形象的廣告，至於車子展示點的維持及售車人員薪資等支出是經銷商負責所致。

品牌價值不只有 B2C 產業有，B2B 產業也會因長期技術領

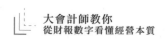

大會計師教你
從財報數字看懂經營本質

表 4-5　統一超近五年毛利率皆穩定維持

年度	2018	2017	2016	2015	2014
毛利率	34%	35%	34%	34%	33%

資料來源：公開資訊觀測站，統一超個體報表，作者彙整

表 4-6　和泰汽車最近五年毛利率（個體報表）

年度	2018	2017	2016	2015	2014
毛利率	8.8%	8.7%	8.6%	8.6%	7.7%
推銷費用率	2%	1.8%	1.8%	1.9%	1.6%

資料來源：公開資訊觀測站，和泰個體報表，作者彙整

> 享有品牌優勢的企業，毛利率會很穩定，但禁不起跌。

先或品質穩定，而享有品牌優勢，例如表 4-7，台達電長期致力於研發，並且極注意環保，讓它享有技術和品質的雙重優勢，讓過去五年的毛利率相當高而且穩定。

3. 具有技術優勢者

另外，台積電近年來的奈米製程領先全球，不但奈米製程領先，其產品良率也為業界表率。表 4-8 中我們可以看到台積電的毛利率連續三年幾乎維持在 50％ 左右的水準，不只毛利率非常穩定，而且還高出同業三倍左右。

表 4-7　台達電近五年的毛利率

年度	2018	2017	2016	2015	2014
毛利率	26.8%	27.2%	27.8%	27.2%	27%

資料來源：公開資訊觀測站，作者彙整

> 具有品牌優勢之 B2B 產業，毛利率會相當穩定，如果毛利率明顯下降，就表示品牌掉漆了。

表 4-8　台積電近年毛利率 vs. 同業毛利率

年度	2018	2017	2016
台積電毛利率	48%	51%	50%
同業毛利率	15%	18%	21%

資料來源：公開資訊觀測站，作者彙整

> 台積電連三年毛利率皆維持穩定，且大幅高於同業，顯示競爭力極佳。

4. 行業特性或對價格有所堅持的傳產業者

　　一個行業愈久就會有愈多的潛規則，甚至形成所謂的行規。以汽車零件為例，汽車業是一個相當封閉的產業，要打進去當原廠供應商，例如 Toyota、Ford 的供應商，非常非常的難。可是一旦打進去了就會成為這個汽車集團的一份子，幾乎可以永遠的承接這家汽車公司的零件訂單。

　　這樣的接單方式很穩健，毛利率也會在默契中得以維持，缺

點就是不可以把零件賣給該汽車體系以外的汽車維修業者。

對於打不進原廠的汽車零件業者，也無法把零件賣給該汽車的經銷體系，例如 Toyota 在台的和泰汽車及八大經銷商。為了生存他們會把零件賣給專做汽車維修的公司，例如滿大街都是的各式各樣汽車修理廠。久而久之汽車零件供應商就分為專做原廠生意（OEM）的供應商，以及專做維修生意（AM）的供應商。

它們的毛利率都很穩定，通常而言專做原廠生意的毛利率較低，推銷費用率也較低，專做 AM 生意的則會有較高的毛利率及推銷費用率。表 4-9 是主要做原廠生意的大億，和以做 AM 生意為主的帝寶過去五年的毛利率。

5. 致力提升生產效能者

台灣大部分電子業者的毛利率往往起伏較大，其原因主要在於我方沒有價格掌控力。當你不是市場主宰者，而是「被宰」的人，就只能屈服對方的價格，就像台灣蘋果供應體系每年都要被蘋果砍價，再怎麼不願意，沒有市場話語權，也只能含淚配合對方砍價的要求。

一個沒有價格話語權的公司只能藉由不斷提升良率、效率、規模或是壓低原料成本去維持毛利率。這種方式我們稱為生產效能的掌控或加強。

表 4-9　大億 vs. 帝寶過去五年毛利率

年度	2018	2017	2016	2015	2014
大億毛利率	15%	17%	17%	17%	18%
帝寶毛利率	25%	26%	27%	29%	29%

資料來源：公開資訊觀測站，作者彙整

> 專做維修生意的毛利率較高，但推銷費用同樣較高。

致力提升生產效能的業者毛利率若有重大變化，原因有很多種。第一種原因是被砍價，當價格被砍的太厲害，一時又找不到因應方案時，毛利率就會下跌。第二種原因是產品良率下滑，蘋果 iPhone X 剛生產時部份關鍵零件良率偏低，特定零件良率據悉曾一度低至 10% 以下，可見情形之嚴重。

第三種原因是訂單不足，訂單不足造成產能閒置，當然會影響毛利率，嘉聯益因為蘋果的訂單不足而在 2019 年初裁撤蘋果也投下重金的觀音廠人員，就是要自救甚至逼迫蘋果出面解決。第四種原因是關鍵性零組件價格上漲，上漲可能是因為缺貨，前陣子被動原件大漲就是缺貨所致。

這期間被罵的最厲害的就是國巨，在情況最惡劣時，據悉只要罵國巨或其高階人員就可以交到朋友，原本關係惡劣的雙方也可以藉由一起罵國巨，從而化干戈為玉帛。另外也可能是不缺貨但就是漲，例如每到銅價大波動時，製造馬達、電源供應器、連

接線及端子廠商的毛利率就會有大起伏。

　　以生產效能來維持毛利率非常的困難，強大如排名全球第 24 大企業的鴻海也很難堅持住。鴻海過去幾年的毛利率大多能力守 7%，但從 2017 年起 7%的毛利率就正式失守。表 4-10 是鴻海近五年的毛利率。

　　讀者不要小看鴻海 1%毛利率的差距，它代表的是超過 500 億元的稅前淨利差異。 對於以生產效能來維持毛利率的企業，當其毛利率下滑時，我們必須去了解這種下滑是短期現象，還是會擴及中長期。以上面的例子來分析，iPhone X 良率下滑是短期現象（一年內），銅價起伏及被動原件缺貨是中期現象（二至三年），蘋果訂單減少可能是長期現象，它們對於損益以及股價的影響當然不同。

　　因此，當毛利率出現顯著的變動時，應了解變動的是短期、中期，還是長期現象。

三、推銷費用的合理性反映產品市場力

　　推銷費用是指一家公司為了推銷商品或勞務的過程所花的各項費用。很多人分不清楚如何區分推銷費用與營業成本。以下舉例說明：

　　1. 去瓦城吃泰式料理，點一盤空心菜，廚師薪水以及因為炒

表 4-10　鴻海近五年的毛利率

年度	2018	2017	2016	2015	2014
毛利率	6.3%	6.4%	7.4%	7.2%	6.9%

資料來源：公開資訊觀測站，作者彙整

> 2017 年毛利率失守低於 7%，須留意是短期還是中長期的現象。

這盤空心菜所耗用的柴（瓦斯）、米、油、鹽、醬、醋以及辣椒都是營業成本（產品成本），從食物端出廚房窗口開始，端盤子的服務生及結帳人員的薪資、餐桌的折舊費用、用餐區冷氣以及租金都是推銷費用。瓦城 2018 年推銷費用是營業收入的 35%。

2. 到 7-11 買一根香蕉，這根香蕉原始的採購價格就是營業成本。7-11 裡喊歡迎光臨的店員、冷氣、店租都是推銷費用。統一超因為店面普遍比瓦城小、每個店的服務人員比瓦城少，統一超 2018 年的推銷費用是營業收入的 26%。

3. 如果你是蘋果的採購人員，向台積電訂製 IC。台積電沒有店面，只能和台積電總公司或其美國子公司業務人員聯絡。訂購時你不可能像買香蕉一樣只買一個 IC，而是一下子訂購 1,000 萬顆 IC。當然啦，這麼重要的客戶到台積電時，台積電不會像統一超店員一樣，只喊一聲「歡迎光臨」

就了事，對不對！台積電為了要服務好客戶，所聘請的業務員也是學有專精、懂外文的名校碩士，另外、交貨時 IC 也要「坐飛機」；雖然如此，台積電的推銷費用占營收比只有不到 1％。

由以上三個例子我們可以得知，B2C 產業的推銷費用一定比較高，但行業不同，推銷費用占營收比也不同。通常，奢侈品的推銷費用最大，因為企業必須購買大量廣告，店面必須租在最豪華地段，裝潢也必須金碧輝煌，其租金、廣告費與人事成本極高。不過，即便是統一超這類「平民化」的零售店面，推銷費用也高達 26％。

B2B 產業不需要太多廣告、人事與店租，相對數量較少的業務人員薪資、交際費以及貨物運輸費用是主要的推銷成本，所以其推銷費用占營收比通常較低。像是台積電和鴻海的推銷費用占營收比都是在四捨五入後才勉強達到 1％。

那麼，一家公司的推銷費用多少才是合理的？愈是需要大量促銷的商品，其推銷費用愈高，投資人判斷這家公司的推銷費用是否過高，還是要跟同業進行比較。如果推銷費用占營收比，比相同規模同業還低，通常暗示其產品賣相比較好，或是產品品質穩定，企業不須花費太多力氣去促銷。

從表 4-11 看到，台積電 2018 年的推銷費用是 60 億元，占營收的 0.6％。值得注意的是，台積電 2018 年營收比 2017 年增加了

540 億元，但推銷費用只成長 1,500 萬元（0.3％），這個數字反映出台積電產品的市場力度相當強，產品本身會說話，所以不需要花費大量的推銷費用去促進銷售，從表 4-12 中可以看到台積電的推銷費用占比例低於同業。

推銷費用最忌諱的就是「推銷費用的增長率」高於「營業收入的增長率」，因為這暗示著，要不就是產品賣不動，必須花很多錢去強力促銷；要不就暗示產品有瑕疵，必須花大把金錢去收拾善後。

我記得數年前，大陸有間公司叫長城汽車，原本是生產小貨車，後來又做了休旅車，新款休旅車上市的時候，銷售非常好，營收一直上來，所以股價一直漲，然而次年財務報表出來的時候，股價卻大跌，為什麼營收成長、獲利也成長，股價反而下跌？

據報導，因為長城汽車在香港上市，外資一看它的報表，發現推銷費用成長太高，間接表示新款休旅車的銷售量是靠大額的促銷活動所創造出來的，而認為這樣的成長無法永續，因此股價應聲下跌。

一般而言，新產品上市初期，為了推動買氣會推出大量廣告，但是新產品的售價一定比較高，且因為新鮮期銷售狀況會比較好，所以推銷費用占營收比不應提高，或即使短期間上升了也應很快就下降。

表 4-11　台積電推銷費用

台積電 2017~2018 合併綜合損益表摘要 單位：新台幣仟元	台積電 2018 年的推銷費用，僅占營收的 0.6%。				
會計科目	2018 年度		2017 年度		
	金額	%	金額	%	
營業收入淨額	1,031,473,557	100	977,447,241	100	
營業成本	533,487,516	52	482,616,286	49	
調整前營業毛利	497,986,041	48	494,830,955	51	
與關聯企業間之未實現利益	-111,788	0	-4,553	0	
營業毛利	497,874,253	48	494,826,402	51	
營業費用					
推銷費用	5,987,828	1	5,972,488	1	
管理費用	20,265,883	2	21,196,717	2	
研究發展費用	85,895,569	8	80,732,463	8	
營業費用合計	112,149,280	11	107,901,668	11	

資料來源：公開資訊觀測站，作者彙整

表 4-12　台積電 vs. 同業之費用控管比較表

企業	台積電			同業		
年度	2018 年度	2017 年度	2016 年度	2018 年度	2017 年度	2016 年度
會計科目	營收成長率			營收成長率額		
營業收入淨額	6%	3%	12%	1%	1%	2%
營業成本						
調整前營業毛利						
與關聯企業間之未實現利益						
	毛利率			毛利率		
營業毛利	48%	51%	50%	15%	18%	21%
營業費用	費用率			費用率		
推銷費用	1%	1%	1%	3%	3%	3%
管理費用	2%	2%	2%	3%	3%	4%
研究發展費用	8%	8%	7%	9% 130 億元	9% 137 億元	9% 135 億元
營業費用合計	11%	11%	10%	15%	15%	16%

資料來源：公開資訊觀測站，作者彙整

> 台積電 2018 年營收比 2017 年增加 540 億元，但推銷費用只成長 1,500 萬元（增加 0.3%），反應出台積電產品的市場力度相當強。

有的產業不需要做太多的研發，比如一些奢侈品廠商，它們不需要投入太多的研發費用，因此研發費用不高，甚至沒有研發費用。但另一方面，它必須花費大量的廣告費用去做產品形象廣告，告訴消費者他們只取一條牛特殊部位的皮去製造皮包，在高檔百貨公司一樓設立專櫃，然後專櫃上擺放少少的幾款皮包，讓你覺得很高級、買了會很有面子。奢侈品還包括汽車、珠寶、化妝品等。我們在分析這類企業時，必須觀察其推銷費用是否有異常減少，特別是該公司營收下滑時。

這是因為奢侈品主要在販賣形象、夢想以及高人一等的表象，這些感覺需要透過廣告不斷且重複的堆砌及強化。這種行業的廣告支出就如同製造業的研發支出一樣，省不得。

所以，如果哪天這種類型公司的業績不好，推銷費用又大幅減少，投資人就要小心了，因為這表示它為了要保持獲利，而大幅刪減推銷費用，這無疑是殺雞取卵的行為，就如同製造業因營收不佳而大砍研發費用的道理是一樣的。

反之，推銷費用如果顯著增加，暗示產品的市場接受度有問題，投資它得留意。

四、管理費用的合理性反映管理力

管理費用是指企業的行政管理部門為管理和組織經營所發生的各項費用。如果按部門來說它包含董事會、總經理室、財務部、

大部份會計、稽核、電腦、人事、保全等部門的費用以及會計師、律師、股務代理等法令遵循或訴訟費用等。

管理費用的特質之一就是很多的支出是公司單方可以決定。例如電腦系統要導 SAP、Oracle 還是鼎新系統？公司要有幾部公務車？公務車要選用 Benz 還是 Camry？律師要找大牌還是小咖？這些選擇代表不一樣的費用水準。

管理費用的第二種特質是公司管的好與不好會讓費用差很多。例如人事部門管的好可減少許多冗員，公司法遵做得好可以大幅降低訴訟成本，選用好的電腦系統並且全員配合及適應新系統，不只可以降低管理費用，甚至還能降低生產成本並促進業績成長。

所以管理費用的合理性反映出經營階層的經營能力或者叫經營力度。但為什麼說管理費用的「合理性」而不是「最低」呢？噢！這樣說好了，你好意思叫經營全球排名第 24 大公司的郭台銘董事長和員工一起坐飛機經濟艙去見川普嗎？

管理費用講合理性不表示不追求降低管理費用，只是這是一個「度」的議題。要評估企業管理費用的合理性最好的方式就是和規模相當的同業相比較，或是和企業過去年度的管理費用比較，以確定管理費用沒有不合理的大幅增加。

從表 4-13 我們可以看出台積電的管理費用一直保持在 2% 的

表 4-13　台積電 vs. 同業的管理費用比率

年度	2018	2017	2016
台積電管理費用比率	2%	2%	2%
同業管理費用比率	3%	3%	4%

資料來源：公開資訊觀測站，作者彙整

水準，比同業低 1% 至 2%。台積電 2018 年營業額成長 6%，管理費用較 2017 年減少約 9 億元，或減少 4%。雖然支出減少，其實是對 2017 年營收成長 3%，但管理費用成長 7% 的改正。

　　不過，大部分台商的管理費用卻是偏高，為什麼？去年有一家營業額近千億元的上市公司董事長很憂心的問我：「張會計師，為什麼我公司的成本比陸資高，你能不能告訴我原因？」他發覺大陸競爭對手產品的售價，比他的售價低很多，而且還可以生存，讓他覺得非常不可思議，因此找我討論，希望能求得解方。

　　經我了解與分析後，我告訴他，最大的原因就是「輸」在管理費用。這家台商的管理費用高達 5% 多，但是同業只有 3%，等於完全輸在起跑點。為什麼這家公司的管理費用和生產成本居高不下呢？有三因素。

　　第一是設廠因素。

過去大陸各地方政府為了鼓勵台商去設廠，提供了許多優惠補助，台商常會禁不住誘惑將廠設在優惠最高的地方，這位董事長也是如此。他在大陸許多省分都有設廠，然而每設一個廠，就會產生許多額外的管理成本。如果時光能夠倒流，他把所有工廠都集中在二至三個地方，管理費用就能大幅降低。現在工廠散佈在太多地方，以致管理成本過高。

　　第二是制度因素。

　　我說：「你有沒有發覺一件事，公司小的時候，設備是你決定的，設廠地點也是你決定的，大宗採購甚至人事也是你決定的。然而現在因為散佈的太廣了，這些都是你的主管在決定了，現在這些採購的費用有沒有比同業貴？如果比同業貴，原因在什麼地方？你可以思考一下。」

　　我就是在暗示他，採購可能會有回扣，購買設備可能也會有回扣，各項大宗採購或人事可能有浮濫情形。當你的設備比別人貴、原料比別人貴，管理費用又比別人高出許多，怎麼可能拚得過競爭對手呢？在授權下放的同時，如果沒有好的內控機制，意味著成本比別人貴了。

　　第三是本土優勢因素。

　　我告訴他，四十幾年前的台灣幾乎沒有電子業，台灣的電子業是從美商通用電子來台設廠開始的，隨後愈來愈多的美商及日

商紛紛來台設廠，再後來就是這些美日廠商裡的台灣人跑出來設廠，並且逐漸壯大到迫使在台灣的美商與日商關門、賣給台灣人或者搬到其他國家。為什麼台灣本土企業可以打敗在台外商？

因為美商到台灣來設廠，它的作業標準必須要符合美國的高標準，日商必須要符合日本的高標準，但是台商只須符合台灣本地的標準就好。為了符合這些標準，這些外商還要從本土派幹部來台監管，為了讓他們安心在台工作，高薪之外還要配豪宅、配汽車及司機、還要補助其子女上美僑或日僑學校，但這些成本台商都幾乎沒有。

此外，在自家的土地上做生意，台灣人消息一定比外資靈通，在台灣要如何拿到補助，到哪裡設廠比較便宜，台灣人在本地一定會比外商清楚，在決策上的彈性也比外商高，自然整體經營成本就比外商低。

綜合以上三項因素，我的這位客戶不只管理成本比陸商高，生產成本當然也比陸商高。我說：「現在相對於大陸企業來說，你就相當於二、三十年前，美商跟日商在台灣的地位一樣，經營成本自然比大陸本地的企業要高。」尤其兩岸文化有差異，不是會講普通話就叫做能溝通，其實只有當地人才最了解當地法令，當地人比台幹更清楚大陸的優惠，了解與當地官員溝通的「眉角」，也更了解環保、五險一金的底限在那裡。

於是我建議他，應該要提高研發支出以增強技術障礙，多聘

僱當地人以強化溝通，另外應該適度整合現有的工廠以降低管理與生產成本，但是他擔心關掉特定地區的工廠會沒面子，因為大陸當地政府官員對他非常禮遇。對此，我也只能委婉的告訴他，企業經營的本質在獲利，沒有獲利是沒有意義的。

五、研發費用金額反應投資未來力度

張忠謀曾說，研發費用是挹注未來獲利，也是未來能夠持續領先對手的必要投資。研發費用過低，會影響未來成長與利潤；然而研發費用過高，會讓企業現階段無法獲利，會對不起現在的股東；因此研發費用太低不好，太高也不行。

長期性來講，研發費用與營收要有適度的配比，並且穩穩按照這個配比來行事，才是一個最好的方式。例如 Alphabet（Google 母公司）研發費用占營收的比率長期以來一直在 15％到 16％之間，其 2018 年研發費用達 214 億美元。Amazon 研發費用占營收的比率長期以來一直在 12％到 13％之間，其 2018 年研發費用達 288 億美元。

台積電的研發費用一直以來都占營收的 7％多，2017 年突破 800 億元，占營收 8％；2018 年亦然。值得注意的是，台積電 2018 年營收成長了 541 億元，推銷費用只增加 1,500 多萬元，管理費用減少約 9 億元，然而研發費用卻增加 52 億元，亦即整個營業費用的增加都在於研發費用的增加，顯示台積電對於投資未來

毫不手軟。

　　持續不斷的投入研發費用對資本密集及技術密集的產業很重要，評判這些產業的未來性，我們可以按下列二個指標來分析一家企業的研發費用是否適當：

1. 研發金額是否不低於規模相當之同業：

　　我們拿宏碁及華碩2016至2018年之相關數據比較，如表4-14來看，本例中研發費用較高之華碩，其三年度之稅後淨利均較宏碁高。宏碁近年來營收及獲利能力不如華碩，據業界人士表示主要係因當初宏碁分拆代工業務至緯創時，將大部分研發單位轉給緯創。反之，華碩在分拆代工業務給和碩時，保留了相當大一部分的研發資源在華碩。

　　華碩2018年的稅後淨利大幅降低，主要係因2018年縮編手機部門並提列巨額之停業部門損失所致。

2. 研發支出是否持續增加或未減少：

　　從表4-14可發現，2016至2018年這三年間，宏碁及華碩的研發支出並未出現顯著減少。至於華碩2017及2018年營收大幅減少及研發支出小幅縮減，係因2018年大幅縮編手機部門，並將大部分手機部門之營收及費用轉列停業部門損失所致。

表 4-14　宏碁 vs. 華碩之研發金額比較表

企業 單位：新台幣億元	年　度	2018	2017 年	2016 年
宏碁	營業收入	2,423	2,373	2,327
	研發支出	26	25	20
	稅後淨利	29	28	49
華碩	營業收入	3,542	3,864	4,668
	研發支出	110	118	133
	稅後淨利	53	160	196

資料來源：公開資訊觀測站，作者彙整

表 4-15　茂德下市前三年研發金額

年度	2010	2009	2008
研發費用	12 億元	16 億元	31 億元
營業收入	228 億元	101 億元	308 億元

資料來源：公開資訊觀測站，作者彙整

> 茂德狂砍研發費用，最終失去競爭力。

　　我們再以聯發科為例，雖然聯發科近年來營收及獲利不理想，但近 3 年每年均投入超過 550 億元的研發費用；鴻海近 2 年來獲利衰退，但近 2 年來研發費用均超過 800 億元，是其史上最高金額，可見國際級公司對研發支出非常重視。

　　反觀，數年前倒閉的生產 DRAM 大廠茂德在業務不好時，大砍研發費用，如表 4-15，以致高階產品無法順利產出，在惡性

循環下，最終宣告倒閉，就是一個負面案例。研發支出對資本及技術密集的產業很重要，但並非每一個產業都需要投入高額的研發費用，例如零售、通路、衣飾、鞋襪等產業就不需要。推銷費用中的產品廣告支出、社會形象支出及通路點的擴張費用，相當於這些產業的研發支出。

六、獲利來源表現本業是否具競爭力

「營業收入－營業成本－營業費用－其他收益及費損淨額」之後可以得出企業的「營業淨利」。「營業淨利－營業外收入及支出」後可以得出「稅前淨利」。了解一家企業「稅前淨利」是否主要來自「營業淨利」，可以判斷該公司本業是否具競爭力或公司經營是否專注本業。

「其他收益及費損淨額」這個科目的金額通常都極小或不存在，讀者可以不理它或將其視為「營業外收入及支出」的一部份。

一個本業賺錢的企業，在損益表上一定會透過「收入減成本減費用」而反映在「營業淨利」這個科目上。如果獲利不是來自於本業，比如這個年度業績不好，就把一些股份或是土地賣掉，讓帳面變得好看。透過處份股票或不動產的獲利，今年有股票或不動產土地能賣，明年還有得賣嗎？如果沒有了，明年要怎麼辦呢？所以獲利來源靠業外收入是不能長久的。

由表 4-16 我們可以看出台積電 2018 年來自本業的營業淨利

表 4-16 台積電之獲利來源本業比重高

台積電 2017~2018 合併綜合損益表摘要 單位：新台幣仟元	營業淨利＋營業外收入及支出合計 ＝稅前淨利 可見台積電的獲利大部份來自於本業。			
會計項目	2018 年度		2017 年度	
	金額	%	金額	%
營業收入淨額	1,031,473,557	100	977,447,241	100
營業成本	533,487,516	52	482,616,286	49
調整前營業毛利	497,986,041	48	494,830,955	51
與關聯企業間之未實現利益	-111,788	0	-4,553	0
營業毛利	497,874,253	48	494,826,402	51
營業費用				
推銷費用	5,987,828	1	5,972,488	1
管理費用	20,265,883	2	21,196,717	2
研究發展費用	85,895,569	8	80,732,463	8
營業費用合計	112,149,280	11	107,901,668	11
其他營業收益及費損淨額	(2,101,449)	0	(1,365,511)	(1)
營業淨利	383,623,524	37	385,559,223	39
營業外收入及支出				
採用權益法認列之關聯企業損益份額	3,057,781	0	2,985,941	1
其他收入	14,852,814	2	9,610,294	1
外幣兌換淨益（損）	2,438,171	0	(1,509,473)	0
財務成本淨額	(3,051,223)	0	(3,330,313)	0
其他利益及損失淨額	(3,410,804)	0	2,817,358	0
營業外收入及支出合計	13,886,739	2	10,573,807	2
稅前淨利	397,510,263	39	396,133,030	41
所得稅費用	46,325,857	5	52,986,182	6
本年度淨利	351,184,406	34	343,146,848	35

資料來源：公開資訊觀測站，作者彙整

是 3,836 億元，業外賺了 139 億元左右，主要來自於利息收入 147 億元。由於台積電的業外收支只有佔 2％，可知台積電的獲利大部份來自於本業，這表示台積電的獲利品質非常好，是很好的現象。

反觀聯發科近年來毛利率下滑，其 2017 年本因營收衰退導致獲利不佳，為此賣了許多股票來改善獲利。投資人可從表 4-17 聯發科的財報上看到，聯發科 2017 年有一半獲利是透過賣股票來的。

由於業外收支有不穩定或不可重複性的特質，所以當公司有重大一時性業外收入時不用高興，有重大業外支出時應該檢討並思考是否可以避免再發生。以統一超為例，統一超在 2017 年因為賣掉大陸星巴克股權而大賺 100 多億元，當交易揭露時，統一超股票卻因統一超痛失大陸星巴克這未來的金雞母而一度大跌 9.5％。

七、稅後淨利或 EPS 是影響股價的主因之一

現在財報中的損益表內容非常複雜，以致很多人看不懂。但是每股獲利能力（EPS）這個觀念大家都懂，也就是公司每一股稅後賺了多少錢。之所以看不懂損益表是因為會計原則改採 IFRS 之前，「稅後淨利」是損益表的最後一項，有了「稅後淨利」後，拿它和股數相除，就可以得出損益表最後顯示的 EPS 數字，或是得出很接近 EPS 的數字。

總之，以前大家都知道「稅後淨利」在那裡，在改採 IFRS

表 4-17 從聯發科獲利來源看本業競爭力

聯發科 2016~2017 合併綜合損益表 單位：新台幣仟元			聯發科 2017 年因營收衰退導致獲利不佳， 有一半的獲利是透過賣股票來的。	
項目	**2017 年度**		**2016 年度**	
	金額	%	金額	%
營業收入	$238,216,318	100	$275,511,714	100
營業成本	(153,330,436)	(64)	(177,321,882)	(64)
營業毛利	84,885,882	36	98,189,832	36
營業費用				
推銷費用	(10,465,092)	(5)	(12,413,733)	(5)
管理費用	(7,430,872)	(3)	(7,015,080)	(3)
研究發展費用	(57,170,776)	(24)	(55,685,244)	(20)
營業費用合計	(75,066,740)	(32)	(75,114,057)	(28)
營業利益	9,819,142	4	23,075,775	8
營業外收入及支出				
其他收入	3,475,974	1	3,485,549	2
其他利益及損失	**14,809,523**	**6**	**544,326**	**0**
財務成本	(939,344)	0	(558,906)	0
採用權益法認列之關聯企業損益之份額	72,168	0	666,141	0
營業外收入及支出合計	17,418,321	7	4,137,110	2
稅前淨利	**27,237,463**	**11**	**27,212,885**	**10**
所得稅費用	(3,167,365)	(1)	(3,182,353)	(1)
本期淨利	24,070,098	10	24,030,532	9

資料來源：公開資訊觀測站，作者彙整

後「稅後淨利」還是在那裡，只是這個科目項下多了個「其他綜合損益」項目，而且這個項目還分出很多細科目，對於這些細項的內容，公司管理階層和投資人大多不知道這些是啥？「本期淨利」加上或減掉「其他綜合損益」這些垃圾後，最後終於會出現一個科目叫「本期綜合損益總額」，損益表才終於表達完成。

我只能說對投資人來說，除非是看金融業的損益表，否則看損益表只需看到科目編號 8200「稅後淨利」即可。而且要強調的是，IFRS 下的 EPS 依然根據 8200「稅後淨利」這個科目來計算。至於「其他綜合損益」及「綜合損益總額」這兩個科目我們在項次九再介紹。

此外，還有一點要提醒讀者的是，8200「稅後淨利」不必然全是投資標的公司的獲利數。

我們以華映為例，編入華映合併損益表中有一家華映僅佔 25% 的大陸上市公司（簡化起見我們稱為大陸華映），這家公司 75% 的獲利數不屬於台灣華映所擁有。所以損益表中 8600 這個項次就因應而生。

在 8600 這個大項中會將 8200「本期淨利」劃分為 8610「母公司業主」及「非控制權益」兩個項次，只有 8610「母公司業主」的數字才是「真正的獲利數」。

我們以華映 2016 年的損益表為例，如表 4-18，8200「本期

表 4-18　從華映合併損益表看淨損來源

華映 2015~2016 合併損益表摘要 單位：新台幣仟元		「稅後淨利」不必然全是投資標的公司的獲利數。華映「母公司業主」的淨損幾乎是「本期淨損」的兩倍，投資人不可不慎。			
負債及權益		**2016 年度**		**2015 年度**	
科目代碼	會 計 項 目	金　額	%	金　額	%
4110	銷貨收入	33,284,473	101	38,247,545	102
4170	減：銷貨退回	(4,999)	-	(60,542)	-
1490	減：銷貨折讓	(209,829)	(1)	(892,461)	(2)
4100	銷貨收入淨額	33,069,645	100	37,294,542	100
5110	銷貨成本	(27,860,267)	(84)	(38,689,506)	(104)
5900	營業毛利〔毛損〕	5,209,378	16	(1,394,964)	(4)
6000	營業費用				
6100	推銷費用	(577,733)	(2)	(657,193)	(2)
6200	管理費用	(3,079,706)	(9)	(2,289,234)	(6)
6300	研究發展費用	(2,954,915)	(9)	(3,719,344)	(10)
	營業費用合計	(6,612,354)	(20)	(6,665,771)	(18)
6900	營業損失	(1,402,976)	(4)	(8,060,735)	(22)
7000	營業外收入及支出				
7010	其他收入	2,458,723	8	1,905,664	5
7020	其他利益及損失	2,369,831	7	1,533,580	4
7050	財務成本	(3,225,872)	(10)	(3,236,635)	(8)
7060	採用權益法認列之關聯企業及合資損益之份額	37,584	-	(12,449)	-
	營業外收入及支出合計	1,640,266	5	190,160	1
7900	稅前淨利〔淨損〕	237,290	1	(7,870,575)	(21)
7950	所得稅費用	(1,098,810)	(3)	(986,438)	(3)
8000	繼續營業單位本期淨損	(861,520)	(2)	(8,857,013)	(24)
8100	停業單位損益	(33,648)	-	416,518	1
8200	**本期淨損**	**(895,168)**	**(2)**	**(8,440,495)**	**(23)**
8300	其他綜合損益				
	本期其他綜合損益（稅後淨額）	(3,211,131)	(10)	(866,279)	(2)
8500	本期綜合損益總額	(4,106,299)	(12)	(9,306,774)	(25)
8600	淨利〔淨損〕歸屬於：				
8610	**母公司業主**	**(1,776,479)**		**(8,761,984)**	
8620	**非控制權益**	**881,311**		**321,489**	
	本期淨額	**(895,168)**		**(8,440,495)**	
8700	綜合損益淨額歸屬於：				
8710	母公司業主	(3,081,143)		(9,587,120)	
8720	非控制權益	(1,025,156)		280,346	
	本期綜合損益淨額	(4,106,299)		(9,306,774)	

資料來源：公開資訊觀測站，作者彙整

淨損」只有 895,168（仟元），但 8610「母公司業主」的淨損卻是 1,776,479（仟元），幾乎是 8200「本期淨損」的兩倍。所以，真正的稅後淨利是 8610「母公司業主」，EPS 是此科目除以股數而得。當投資人看到 8200「本期淨利／損」與 8610「母公司業主」淨利／損有很大差異時，一定要回頭去看個體報表，了解差異的原因為何。

EPS 很重要。之所以重要是因為很多公司特別是電子業的合理股價，往往根據行業的 PE Ratio（Price ／ Earnings，每股市價／每股盈餘）來推算。例如我們若預估台達電 2019 年的 EPS 是 8 元，PE 是 20 倍，則台達電合理的股價應該是 160 元。通常不同產業有不同的 PE 倍數，同產業內國際規模的大廠和小廠 PE 倍數不同，有穩定且豐厚股息的公司與股利不穩定的公司間，也有不同的 PE 倍數。

八、ROE 比 EPS 更能反映經營能力

EPS 很重要，投資人一定要時時注意。但是還有個損益表上不會揭露，只能由投資人自行計算的指標 ROE，投資人可以拿來檢驗經營團隊的經營能力，從而推估公司未來是否興旺。

EPS 的計算公式是：**稅後淨利／股數**

ROE 的計算公式是：**稅後淨利／股東權益**

這個股東權益可以採期初股東權益，或將期初加期末後除以2均可。以台積電 2018 年為例，台積電當年度稅後淨利是 3,512 億元，股本是 2,593 億元，換算下來 EPS 達 13.54 元。看起來很會賺，對不對？但是我們要注意台積電 2018 年期初的股東權益達 1 兆 5,228 億元。

為什麼這麼高？因為台積電手上有高達 1 兆 2 千多億元的保留盈餘及資本公積尚未分配給股東。所以台積電的經營階層是用股東 1 兆 5 千億元的錢在做生意，而不是區區的 2,593 億元的股本在做生意。

我們如果把未分配的保留盈餘及資本公積都轉增資並且發股票給股東，台積電的期初股本應該是 1 兆 5,228 億元，用這個觀念來計算台積電的 EPS（其實叫 ROE）是 2.31 元才對。

2.31 元或 23.1％，就是台積電 2018 年的 ROE。如果我們用期初及期末股東權益的平均數當分母的話，ROE 會進一步降到 21.9％。

對投資人而言，EPS 很重要，因為 EPS 和股價的關係最密切。但是就大股東、董事會及精明的投資人而言，ROE 比 EPS 更能看出經營團隊是否稱職。我們舉個例子，假設有一家新公司叫北積電，它 2018 年的股本一樣是 2,593 億元，但除此之外它沒有保留盈餘也沒有資本公積，2018 年它和台積電一樣賺 3,512 億元，那麼北積電與台積電比較起來，哪一個經營團隊比較傑出？

表 4-19　從台積電 ROE 看團隊經營能力

年度	2018	2017	2016
EPS	13.54 元	13.23 元	12.89 元
ROE	21.9%	23.6%	25.6%

資料來源：公開資訊觀測站，作者彙整

> 台積電 ROE 連三年下降，顯示經營團隊的經營能力正在鈍化中。

　　答案當然是北積電的經營團隊，因為這個團隊只用了股東 2,593 億元的資金就賺到 3,512 億元，反觀台積電的經營團隊是用了股東 1 兆 5 千多億元的資金才賺到同樣的錢。

　　從表 4-19 中我們可以看出，台積電的 EPS 雖然每年屢創新高，但從 ROE 來看，台積電的 ROE 已連續三年顯著下降，顯示經營團隊的經營能力正在鈍化中。

九、不必理會其他綜合損益及綜合損益總額

　　從前有一個獵人很會捕魚，還很會抓熊。他的方法是在秋天的時候趁著魚肥時努力去捕魚，等到冬天熊在冬眠時趁熊不備再一舉把熊擒獲。這樣他就能取得魚和熊掌，可謂魚與熊掌兼得。

　　可是收購他獵物的買家告訴他，冬眠以後所取得的熊掌不夠好吃，希望能在秋天時就能吃到魚和熊掌。於是他就在整個秋天

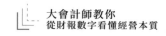

一下子捕魚一下子捉熊。雖然魚與熊都捕到了，但兩者數量都大幅減少。這個獵人雖然展現了可以一次抓到魚與熊的能力，卻因為供貨不足得不到買家的讚賞，同時買家也感到秋天的熊掌也不盡然比冬天的好吃。

魚與熊掌指的就是：會計人員要同時將企業「資產負債表」與「損益表」表達清楚給報表閱讀者，所面臨的困境。

資產負債表就像某時點游泳池裡的水量，損益表就像水龍頭（收入）和洩水口（成本與費用）晝夜不停的流入與流出游泳池的水。

要同時算出某時點的水量以及某時段到底流入及流出多少水有三種方法。第一個方法是把 A、B 兩個時點游泳池的水量精確計算出來，例如要算出 A 時點游泳池的水量，我們只要把水龍頭關起來，洩水口也塞起來，就能夠完美且精確的算出 A 時點游泳池的水量，B 時點也是如此做。然後，再把這兩個時點之間游泳池水量相減，就可以得出這段時間水量的增減數。

但此方法有三個缺點，一是為了衡量游泳池水量把水龍頭關起來、把洩水口塞起來是不切實際的；二是無法計算出水的流入數（收入數）與流出數（成本與費用），三是游泳池水位也會因為泳客、日照、下雨及溫度等因素讓水量出現變化，但這個方法並未考量這些因素的影響。

第二種方法是用測量儀器把水龍頭及洩水口的水流量加以測定，從而得出這段時間水的流出及流入量，再大略計算這段期間泳客及下雨情形，推論出特定時點的游泳池水量。此方法的缺點是日照、溫度等因素沒有列入考量，推論而得的水量可能和游泳池的真正水量有差距。

為正確衡量游泳池的水量、以及流出入情形，第三種方法出現了。在這種方法下，測量人員加裝雷射測量儀以測量特定時點的水位，又加裝日照偵測儀偵測這段期間日光造成水揮發的影響，再加裝溫度計以測定溫度對水的膨脹或縮減，從而得以同時知道水位及水位變動的原因。

會計在導入 IFRS 之前，就是用上述的第二種方法來計算損益，並推估資產負債情形，導入 IFRS 之後，就改採第三種方法衡量資產負債情形，並就造成資產負債變動的情形加以細心的描繪。可是這種描繪實在太複雜了！譬如把溫度對游泳池水位的影響（例如精算損益）直接當做股東權益的加減項，不列入損益表中。

又譬如泳客及日照影響數列入「其他綜合損益」中。因為泳客游泳所排出的水透過過濾還可再用，所以泳客的影響數（例如國外營運單位之匯率影響數）列為「其他綜合損益」中之「可重分類至損益之項目」，日照影響數（例如部份股票投資之市價變動）列為「其他綜合損益」中之「不重分類至損益之項目」。又

為了仔細描述，甚至在泳客影響數中連小孩在水池中的灑尿數也列入了。

綜言之，「其他綜合損益」就是有些事件會影響到企業資產負債表的資產價值或負債金額，進而影響到股東權益。這個影響數，制定會計原則的大老爺們認為將其列入損益表很奇怪，但不列入損益表更奇怪，於是將這些影響數列在更加奇怪的「其他綜合損益」的科目，讓報表閱讀者自行判斷。問題是，您會判斷嗎？

由於這個方法不完美，IFRS又大改了一次，台灣2018年的財報因為反映這個改變，2018及2017年「其他綜合損益」科目內容也跟著大改變，讓大家更是一頭霧水。

以上五段說明讀者如果懂了表示你很認真，《商周》集團應該給獎狀表揚你，如果不懂也沒關係，我的總結是，2018年以後的報表，除了金融業以及投資部位很高的特定公司外，一般公司的「其他綜合損益」科目金額都不大，讀者可以略而不看。

即便有金額大的科目，往往是「國外營運機構財務報表之兌換差額」這種因為匯率變動造成的一時性影響數，過一陣子又會回復，所以不管是正還是負，還是不重要。「其他綜合損益」既然可以不用看，「綜合損益總額」當然也可以不予理會。表4-20是台積電之「其他綜合損益」與「綜合損益總額」，由讀者自行決定可看可不看。

表 4-20　台積電之「其他綜合損益」與「綜合損益總額」

台積電 2017~2018 合併綜合損益表摘要 單位：新台幣仟元	不必理會，可看可不看			
會計項目	2018 年度		2017 年度	
	金額	%	金額	%
其他綜合損益				
不重分類至損益之項目：				
確定福利計畫之再衡量數	-861,162	0	-254,681	0
透過其他綜合損益表按公允價值衡量之權益工具投資未實現評價損益	-3,309,089	0	0	0
避險工具之損益	40,975	0	0	0
採用權益法認列之關聯企業之其他綜合損益份額	-14,217	0	-20,853	0
與不重分類之項目相關之所得稅利益	195,729	0	30,562	0
	-3,947,764	0	-244,972	0
後續可能重分類至損益之項目：				
國外營運機構財務報表換算之兌換差額	14,562,386	1	-28,259,627	-3
備供出售金融資產公允價值變動	0	0	-218,832	0
現金流量避險	0	0	4,683	0
透過其他綜合損益表按公允價值衡量之債務工具投資未實現評價損益	-870,906	0	0	0
採用權益法認列之關聯企業之其他綜合損益份額	93,260	0	-99,347	0
與可能重分類之項目相關之所得稅費用	0	0	-3,536	0
	13,784,740	1	-28,576,659	-3
本年度其他綜合損益（稅後淨額）	9,836,976	1	-28,821,631	-3
本期綜合損益總額	361,021,382	35	314,325,217	32
淨利歸屬於：				
母公司業主	351,130,884	34	343,111,476	35
非控制權益	53,522	0	35,372	-

（續下頁）

大會計師教你
從財報數字看懂經營本質

（接上頁）

綜合損益總額歸屬於：				
母公司業主（綜合損益）	360,965,015	35	314,294,993	32
非控制權益（綜合損益）	56,367	0	30,224	0
基本每股盈餘	13.54		13.23	
稀釋每股盈餘	13.54		13.23	

資料來源：公開資訊觀測站，作者彙整

真賺錢，
還是帳面好看？

—— 「現金流量表」是獲利品質照妖鏡

台積電創辦人張忠謀認為，唯有能夠「穩定」產生現金流量的公司，才是好公司。「穩定」產生現金流量的好公司可以做到：第一、有錢可以持續穩定的透過投入研發、購置設備、以及轉投資等方式投資未來，從而維持甚至提升公司在產業界的競爭力及規模，進而不斷提高股東 EPS。第二、有能力穩定配發現金股息給股東，甚至逐年增加。第三、最重要的是，不論是投資未來還是配發現金股息，都不須跟股東拿錢（增資）或增加舉債，這才是最漂亮的。

賺錢的企業不表示它有能力投資未來及支付股息，虧錢的企業也不表示它不具備這個能力，閱讀現金流量表的意義就是要判斷企業是否具備這樣的能力。可是，現金流量表的編製非常複雜，往往讓人看了一個頭兩個大，本章就是要讓不了解會計的人知道怎麼閱讀及分析現金流量表。

現金流量表的基本原則是將企業平時的現金進出分成三大類分析。第一是「來自營業活動之現金流量」，第二是「來自投資活動之現金流量」，第三是「來自籌資活動之現金流量」。以下根據這三大類說明。

看懂現金流量表的三大關鍵

營業活動之現金流量

營業活動是指一家企業從購買原料、僱用人工、投入生產，得出產品後把產品賣給客戶的活動。這個活動中企業可藉由出售產品向客戶收取貨款（現金），但為了生產產品及維持企業正常的運作，企業也必須支出原料貨款、各類人員薪資、水電瓦斯費、保全費用、資訊費用、交際應酬等等。

營業活動其實就是「賺錢活動」。分析營業活動之現金流量其實就是在分析，企業到底從賺錢這個偉大的活動中「賺得多少現金」？有讀者會疑惑，損益表不就是在表達企業如何賺錢了嗎？現金流量表與損益表到底有何不同？損益表顯示的獲利數（稅後淨利），之所以不同於現金流量表（以下簡稱現流表）營業活動的現金數，主要在於：

一、會計原則採用應計基礎的緣故。例如台積電將蘋果 A12 處理器賣給蘋果後就會認列營業收入，但貨款可能是月結一到二個月後才能收到。相同的情形台積電採購晶圓後，也可能二至三個月後才會支付供應商貨款。所以損益表中台積電賺多少錢，並不表示當年度台積電賺得等額的現金。

有些產業的經營模式會讓企業取得現金的速度比帳上的獲利快很多，例如經營電子商務的亞馬遜（amazon）和經營零售的統一超，它們獲取現金的速度比帳上的稅後淨利快很多，因為它們對供應商通常是貨到後二到三個才付款，可是你去超商買便當時可以說「等我吃完三個月後再付款」嗎？也有些產業賺取現金的速度會比帳上慢，例如很多電子流通業它們背後的供應商往往是高通（Qualcom）或聯發科等大廠，通常貨到後一到二個月就必須付款，可是他們將貨品賣給電子代工大廠，如果條件談不好的話，可能要六個月後才能收到款。所以，損益表中賺的錢並無法表示當年度該企業賺得多少現金。

二、損益表中，廠房及設備的折舊費用及無形資產的攤銷費用是不用花錢的。企業該花的錢在當初買廠房、設備及無形資產時已一次付清。同時，愈是資本密集的產業其折舊及攤銷費用愈高，因此每年從營業上賺取的現金會比「稅後淨利」高很多。

例如荷蘭殼牌（Royal Dutch Shell）石油 2018 年帳上稅後淨利是 239 億美元，但其營業活動賺取的現金高達 531 億美元，中間的差異是當年的折舊及攤銷費用高達 292 億美元的緣故。

三、有些活動如投資活動賺得的利息、股利及投資損益，籌
　　資活動所支付的利息，這些都和正常的營業活動無直接
　　關聯，依會計原則這些收入及支出可以列入營業活動的
　　現金流出／流入，也可以改列為投資或籌資活動。不過，
　　由於這些項目的金額通常都不高，讀者也不用太在意。

表 5-1 中，這麼多數字其實只是在做一件事：將企業損益表
的應計基礎獲利數，調整至現金基礎的營業活動獲利數。

從「營業活動之淨現金流入（流出）」可看到，台積電 2018
年損益表上稅前共賺得 3,975 億元，加上當年度不用花錢的折舊
2,881 億元、攤銷費用 44 億元，再減掉當年度所得稅付了 454 億
元及利息收入 147 億元（放在投資活動），得出金額為 6,299 億元。

這個金額相當接近台積電 2018 年從營業活動中創造出的
5,740 億元現金。亦即其他一大堆亂七八糟調節項目的影響數為
559 億元。我們用這個觀念計算 2017 年，其差異數只有 73 億元，
大幅增加的原因主要在於台積電 2018 年的存貨及應收帳款增加
所致。

台積電營業活動之現金流量告訴我們兩件事：

一、台積電每年從營業活動產生的現金相當穩定，數字約是：

稅前淨利＋折舊及攤銷費用－所得稅支付數－利息收入

表 5-1 台積電營業活動之現金流量

台積電 2017~2018 現金流量表摘要 單位：新台幣仟元	將損益表應計基礎獲利數， 調整至現金基礎營業活動獲利數	
會計項目	**2018 年度**	**2017 年度**
	金額	金額
營業活動之現金流量		
稅前淨利	**397,510,263**	**396,133,030**
調整項目：		
收益費損項目		
折舊費用	**288,124,897**	**255,795,962**
攤銷費用	**4,421,405**	**4,346,736**
預期信用迴轉利益－債務工具投資	-2,383	0
財務成本	3,051,223	3,330,313
採用權益法認列之關聯企業損益份額	-3,057,781	-2,985,941
利息收入	-14,694,456	-9,464,706
處分及報廢不動產、廠房及設備淨損	1,005,644	1,097,908
處分無形資產淨益	-436	0
不動產、廠房及設備減損損失	423,468	0
無形資產減損損失	0	13,520
金融資產減損損失	0	29,603
透過損益按公允價值衡量之金融工具淨損失	358,156	0
處分透過其他綜合損益按公允價值衡量之債務工具投資淨損失	989,138	0
處分備供出售金融資產淨益	0	-76,986
處分以成本衡量之金融資產淨益	0	-12,809
處分子公司利益	0	-17,343
與關聯企業間之未實現利益	111,788	4,553
外幣兌換淨損（益）	2,916,659	-9,118,580
股利收入	-158,358	-145,588
公允價價避險之淨損	2,386	30,293
與營業活動相關之資產／負債淨變動數		
透過損益按公允價值衡量之金融工具	480,109	5,645,093
應收票據及帳款淨額	-13,271,268	1,061,805
應收關係人款項	599,712	-214,565
其他應收關係人款項	106,030	-13,873
存貨	-29,369,975	-25,229,101
其他金融資產	-4,601,295	-502,306

（續下頁）

大會計師教你
從財報數字看懂經營本質

（接上頁）

其他流動資產	-513,051	12,085
其他非流動資產	152,555	-1,276,130
應付帳款	4,540,583	2,572,072
應付關係人款項	-279,857	394,182
應付薪資及獎金	216,501	582,054
應付員工酬勞及董監酬勞	562,019	525,129
應付費用及其他流動負債	-20,226,384	30,435,424
負債準備	0	-4,057,900
淨確定福利負債	-60,461	44,615
營運產生之現金	619,336,831	648,938,549
支付所得稅	**-45,382,523**	**-63,620,382**
營業活動之淨現金流入	**573,954,308**	**585,318,167**

資料來源：公開資訊觀測站，作者彙整

二、台積電不用花錢的折舊及攤銷費用一年高達2,925億元，這個數字告訴我們，即便台積電 2018 年獲利為零，透過不用花錢的折舊及攤銷費用，營業活動還是可以為公司產生約 2,925 億元的現金。這數字大於當年度約 2,070 億元的股利支付數，也大於台積電 2019 年預計支付股利數的 2,593 億元（每股 10 元）。

投資人要分析一家公司的營業活動是否穩定，只要把「稅前淨利（淨損）＋折舊及攤銷費用－支付的所得稅」和營業活動之現金流入（流出）數相比較，如果歷年來一直保持著很穩定的「比例關係」或很小的數字差異，表示企業的獲利模式穩定；反之，如果「本期淨利（淨損）＋折舊及攤銷費用－支付的所得稅」和當年度營業活動的現金流量無法呈現穩定的「比例關係」，而且每年的差異很大，就表示獲利模式不穩定、獲利品質不好。

從事投資活動之現金流量

投資活動是指公司取得或處份不動產、廠房與設備,策略性投資,或理財性投資等活動的現金流入及流出。台積電投資活動之現金流量中的數字主要可分成五大類:

1. 取得或處份不動產、廠房及設備,到底支付或收到多少錢。

2. 企業從事策略性投資或理財性投資收支淨金額多少錢。

   例如台積電擁有茂迪股票、一些基金、也持有很多債券,這些股票、基金或債券的買進或賣出都會耗用或增加台積電的現金。依會計原則這些股票、基金及債券進出金額會反應在「透過損益按公允價值衡量之金融資產」、「透過其他綜合損益按公允價值衡量之金融資產」、「按攤銷後成本衡量之金融資產」,以及「採用權益法之投資」等四個科目的淨增減數中。企業若增購股票、基金或債券,其相應科目餘額會顯示增加(但會使現金減少),反之會使餘額減少(但會使現金增加)。

3. 企業因擁有股票、基金及債券並所賺得的股息及利息。

   如前所述,有些企業將此部份列為營業活動的現金流入。

4. 企業併購交易。

   企業併購另一家企業往往是企業支付一筆錢出去但同時又

會換回各式各樣的資產。併購交易在現流表上的呈現方式實務上非常亂。企業有併購交易時建議讀者閱讀相關財報附註。

5. 其他如投資性不動產、其他金融資產、應收關係人帳款、存出保證金等之增減，因較不常見、金額也多不大，就不深入探討。

分析一家企業的投資活動，我們可以將投資活動分成三大類來分析：

1. 企業是否穩定的投資在「不動產、廠房及設備」上，以了解企業能否保持規模或設備／科技上的優勢。必要時讀者應閱讀財報中「不動產、廠房及設備」科目的附註說明。

2. 企業當年度在「透過損益按公允價值衡量之金融資產」、「透過其他綜合損益按公允價值衡量之金融資產」、「按攤銷後成本衡量之金融資產」，以及「採用權益法之投資」四個科目的增減，是屬於策略性投資、理財性投資還是策略不明投資的增減，以便了解企業經營是否聚焦、理財性投資是否保守穩健。這部份的分析讀者必須併同閱讀財報上四大投資科目附註之說明及財報附表三的內容。

3. 如果有巨額的無形資產增加，應閱讀該科目附註以了解無形資產的性質。如果巨額的無形資產增添來自商譽或客戶

名單，宜注意往後企業的獲利情形。因為依照會計原則，不能為企業創造適當利潤的商譽及客戶名單應提列減損。另一方面如果企業當年度的商譽大額減少，則暗示著企業要將資產「洗乾淨」，為企業未來獲利創造有利的空間。

一個穩健的公司大多聚焦在核心事業的擴張，其次才是從事策略性及理財性投資。核心事業的擴張主要反應在取得不動產、廠房及設備上。策略性投資反應在投資企業上下游事業及平行事業以增加企業影響力。我們從表 5-2 台積電的投資活動中可以看出，台積電 2018 年因為購買不動產、廠房及設備而支付了 3,156 億元的現金，這個金額和其當年度投資活動之淨現金流出 3,143 億元相當接近。從表 5-2 研究台積電近兩年來的投資活動，可以看出兩件事：

1. 台積電近年來每年給付約 3,000 多億元現金在不動產、廠房及設備的添購上，這金額與當年度投資活動之淨現金流出數相當。

2. 台積電相關的幾個投資科目中，「採權益法之投資」金額幾乎沒有異動，其他三個科目則變動頗大，但相互抵銷後淨變動數卻不大，顯示台積電近年來較少從事策略性投資，其投資主要以理財性投資為主。

表 5-2　台積電投資活動之現金流量

台積電 2017~2018 現金流量表摘要 單位：新台幣仟元	1. 添購不動產、廠房及設備，與當年度 投資活動之淨現金流出數相當。 2. 其他活動以理財性投資為主。	
會計項目	**2018 年度**	**2017 年度**
	金額	金額
投資活動之現金流量		
取得透過損益按公允價值衡量之債務工具	-310,478	0
取得透過其他綜合損益按公允價值衡量之金融資產	-96,412,786	0
取得備供出售金融資產	0	-100,510,905
取得持有至到期日金融資產	0	-1,997,076
取得按攤銷後成本衡量之金融資產	-2,294,098	0
取得以成本衡量之金融資產	0	-1,313,124
處分透過損益按公允價值衡量之債務工具價款	487,216	0
處分透過其他綜合損益按公允價值衡量之金融資產價款	86,639,322	0
處分備供出售金融資產價款	0	69,480,675
持有至到期日金融資產領回	0	17,980,640
按攤銷後成本衡量之金融資產領回	2,032,442	0
處分以成本衡量之金融資產價款	0	58,237
透過其他綜合損益按公允價值衡量之權益工具投資成本收回	127,878	0
以成本衡量金融資產成本收回	0	14,828
除列避險之衍生金融工具	0	33,008
除列避險之金融工具	250,538	0
收取之利息	14,660,388	9,526,253
收取政府補助款—不動產、廠房及設備	0	2,629,747
收取政府補助款—土地使用權及其他	0	1,811
收取其他股利	158,358	145,588
收取採用權益法投資之股利	3,262,910	4,245,772
處分子公司之現金流出	0	-4,080
**　取得不動產、廠房及設備**	**-315,581,881**	**-330,588,188**
取得無形資產	-7,100,306	-4,480,588
處分不動產、廠房及設備價款	181,450	326,232
處分無形資產價款	492	0
存出保證金增加	-2,227,541	-1,326,983
存出保證金減少	1,857,188	432,944
取得土地使用權	0	-819,694
投資活動之淨現金流出	**-314,268,908**	**-336,164,903**

資料來源：公開資訊觀測站，作者彙整

從事籌資活動之現金流量

籌資活動是指企業向股東拿錢、還股東錢以及舉借或償還借款的活動。向股東拿錢就是現金增資，還股東錢包括現金減資、買回自家股票（即庫藏股）及支付股息給股東。

舉借或償還借款主要包括向金融機構借錢、還錢，發行或贖回公司債以及相關的利息支付。

企業籌資活動的現金流量主要為：

1. 辦理現金增資、現金減資或購買自家股票。

2. 發放現金股利。

3. 發行或贖回公司債。

4. 增加或減少長短期銀行借款。

5. 支付銀行借款及公司債利息（也可以列為營業活動）。

表 5-3 台積電 2018 年籌資活動之現金流量中，股利支付 2,074 億元，占整個籌資活動現金流出數 2,451 億元的絕大部份，可以看出台積電的主要籌資活動就是支付股息。至於償還公司債及增借短期借款為正常籌資活動，金額也不重大。

我們從台積電的現金流量表可以很清楚的發現，台積電的現金主要來源就是透過本業賺的錢加上折舊及攤銷費用，再把這些現金拿來買設備、蓋廠房及支付股利。這個模式長期以來一直非

表 5-3 台積電籌資活動之現金流量

台積電 2017~2018 現金流量表摘要 單位：新台幣仟元	股利支付 2,074 億元占籌資活動現金流出數 2,451 億元的 85%，償還公司債及增借短期借款為正常籌資活動，金額也不大。	
會計項目	**2018 年度**	**2017 年度**
	金額	金額
籌資活動之現金流量		
短期借款增加	23,922,975	10,394,290
償還公司債	-58,024,900	-38,100,000
償還長期銀行借款	0	-31,460
支付利息	-3,233,331	-3,482,703
收取存入保證金	1,668,887	950,928
存入保證金返還	-1,948,106	-3,823,183
支付現金股利	-207,443,044	-181,512,663
因受領贈與產生者	10,141	20,837
非控制權益減少	-77,413	-113,675
籌資活動之淨現金流出	-245,124,791	-215,697,629
匯率變動對現金及約當現金之影響	9,862,296	-21,317,772
現金及約當現金淨增加數	24,422,905	12,137,863
年初現金及約當現金餘額	553,391,696	541,253,833
年底現金及約當現金餘額	577,814,601	553,391,696

資料來源：公開資訊觀測站，作者彙整

常的穩定。

　　台積電現流表可以說是我所看過台灣所有的上市櫃公司當中，最乾淨、最漂亮的現流表之一。

現金流量表，獲利品質照妖鏡

　　為什麼從現金流量表可以看一家企業盈餘的品質？主要是因為現在全世界的會計變得很複雜，比如先前多次提到，很多公司在購併其他公司之後，會產生龐大的商譽，商譽是不用攤提的，還有其他無形資產雖然要攤提，但是這些無形資產究竟有多大的價值，有時候很難認定，所以國外一些證券分析者、主要的法人投資者，基本上在看一家公司的資產負債表的時候，有時候會把無形資產從資產負債表中扣掉。

　　再從損益表來看，一家公司有時候即使獲利很高，可是因為存貨、應收帳款的累積以及設備及廠房的添置，不一定能夠發放現金股利。

　　過去我在執業的時候，曾有一個客戶做的是電子流通業。我們兩個常常在一起吃飯，有天他跟我酒後吐真言，說他其實壓力很大。

　　我說：「你為什麼很辛苦？你公司不是很賺錢嗎？」

　　他說：「我是賺錢沒錯，但你知道嗎？這個錢到底是真的賺還是假的賺，我也不清楚。」

　　我說：「怎麼回事？有沒有賺錢你怎麼會不知道？你做假帳騙我？」

他連忙搖手繼續說道，客戶主要是代工大廠，賣產品給他們的毛利率不高，以前是五窮六絕（毛利率5％到6％），現在只有茅山道士（毛利率3％到4％），未來說不定還會降到說一不二（毛利率1％到2％）。

他又說，毛利已經不高了，結果代工大廠給的應收帳款天數是六個月，但他跟上游進貨的應付帳款是二個月，這中間就相差了四個月。不過嚴格來說不只四個月，因為還要囤貨，存貨要二個月。也就是說，存貨二個月，應收帳款六個月，基本上要存八個月的錢；可是付給供應商的應付帳款是二個月，一來一往淨差額就六個月。

「你看，我的營收愈來愈增加，我賺的錢愈來愈多，但是賺的愈多，表示我的應收帳款跟存貨愈多，我每年賺的錢都沒辦法發放現金股利，因為都囤放在應收帳款跟存貨裡面。」

他苦惱的繼續說：「我雖然帳上都是賺錢，可是銀行借款愈來愈多。」也就是說，在現金流量上，他根本找不到現金可以從哪裡擠出來，以至於必須跟銀行借錢發股息，就算要轉投資，也必須跟銀行借錢。

「現在我已經跟銀行借了一百多億元，所以你不要看我現在住大直豪宅，萬一哪天公司出事情，我這個董事長是連帶保證人，可能一夕之間就宣告破產，化為烏有。」這就是他常常晚上壓力大到睡不著的原因。

這個案例告訴我們，即便一家公司賺錢，但是長期無法從營業上取得現金，基本上就表示這個獲利是不健康的。

以自由現金流量來預估股利穩定性

在歐美股市，證券分析專家很喜歡引用「自由現金流量」的概念來分析企業：

自由現金流量＝營業活動的現金流入－資本支出－利息

自由現金流量 vs. 全年股利金額

對於賺錢的公司，自由現金流量代表企業有無增加股利的空間。對於賺錢不多或虧錢的企業，這個指標暗示著企業有沒有能力維持現有的股利水準，甚至是否必須放棄預計的資本支出如擴廠計畫。證券分析師根據這個概念去推估未來幾年企業的自由現金流量數，進而可以推估其合理股價。我們就用這個觀念來推估台積電未來的股利看看：

若未來台積電每年稅後賺 3,500 億元，設備支出維持在 3,000 億元。台積電每年的自由現金流量為：

3,500 億元＋ 2,900 億元（攤折費用）－ 3,000 億元（資本支出）

＝ 3,400 億元或每股 13.1 元

大會計師教你
從財報數字看懂經營本質

現金流量表對投資人的意義

為什麼台商到香港掛牌的本益比都很低？其實有兩個因素，一是台商雖然號稱賺很多錢，但往往捨不得發放股利。香港人衡量企業主要是看你能不能穩定發放股利，沒錢或不能穩定發放股利，自然興趣缺缺。

第二，香港人對製造業的看法是只要業務增加了就想擴廠，然後不斷買土地與機器設備，還有產生大量的應收帳款與存貨，結果公司愈大，三點半卻愈跑愈嚴重，實在是生不出現金，所以香港人給製造業的本益比較低。

再看國外很多研究機構，大多都以分析現金流量表的觀念來看。比如油價從 2015 年開始下跌的時候，雖然跌的很慘，但是幾家大石油公司如英國石油公司 BP、荷蘭皇家殼牌（Royal Dutch Shell）、雪佛龍（CHEVRON）的股價雖然也下跌，但是跌幅有限。為什麼股價不跌？因為法人分析其現金流量表，發現這些公司的現金流量足以支付其股息與再投資，即使這些公司的自由現金流量不足，也會透過棄卒保帥方式出售非核心事業，換取現金來支付穩定的股息。

因此，我給經營者的建議是：隨時注意自己公司的自由現金流量。給投資人的建議是：景氣有好有壞，標的公司能否穩定發放股息，是觀察的主要目標，而從現流表可以看出一家公司的獲利品質與財務強度。

所以，台積電 10 元的股利應該還有上調空間。至於股價？噢，對不起！我只是個會計師，不是證券分析師。

華映窘境之必然

陷入財務困境多年的華映終於在 2018 年聲請重整，不管未來如何，這家公司起死回生的機率不大。我們解讀華映 2018 年財報沒有意義，反而是從 2016 年或 2017 年財報下手，才能學到如何比其他人更早知道華映窘境之必然，並將此法運用到了解其他公司。此外，如第三章所述，華映合併財報的小股東權益占比太大，造成合併報表存有重大瑕疵，必須看個體報表才能看出華映經營績效的虛實。從表 5-4 華映 2017 年個體報表之營業活動現流表中可看出：

一、當年度的折舊及攤銷費用高達 35 億元。這表示即便華映不賺錢仍然可以靠折舊及攤銷費用一年產生 35 億元的現金流入。

二、當年獲利約 23 億元主要是出售資產的獲利，這一大部分的現金流入是透過出售資產而得，所以被重分類至投資活動中。

三、當年度營業收入中約有 71 億元，在先前已向關係人預收貨款，因此這部分營收無法再為華映產生現金流量。

表 5-4 華映營業活動之現金流量

華映 2016~2017 個體現金流量表摘要 單位：新台幣仟元	當年度營業收入中有 71 億元被用去抵扣「預收款項」，這部分無法再為華映產生現金流量。	
項目	**2017 年度** 金額	**2016 年度** 金額
營業活動之現金流量		
本期稅前淨利（淨損）	$3,274,958	($1,776,479)
調整項目：		
折舊費用	3,322,216	4,362,041
攤銷費用	220,120	278,857
呆帳費用提列數	5,267	12,160
透過損益按公允價值衡量金融資產及負債之淨損失	-	21,745
利息費用	349,334	430,954
利息收入	(4,233)	(2,122)
採用權益法認列之子公司、關聯企業及合資損失之份額	984,958	291,633
處分及報廢不動產、廠房及設備利益	(270,063)	(106,078)
不動產、廠房及設備轉列費用數	26,484	11,478
處分待出售非流動資產利益	(2,323,058)	-
處分無形資產利益	(9,630)	(10,820)
處分投資損失	93,823	-
金融資產減損損失	182	50,362
非金融資產減損損失	254,061	148,641
與營業活動相關之資產／負債變動數		
應收票據	54	645
應收帳款	264,062	145,398
應收帳款－關係人	189,541	(46,064)
其他應收款	41,244	(28,383)
其他應收款－關係人	39,125	(29,835)
存貨	94,496	1,034,007
預付款項	22,416	73,680
應付票據	(18,320)	(396,182)
應付帳款	34,667	(1,976,419)
應付帳款－關係人	(140,630)	(121,100)
其他應付款	158,554	(867,582)
其他應付款－關係人	(62,937)	(234,272)

（續下頁）

（接上頁）

負債準備－非流動	13,679	（194,466）
預收款項	**（7,129,738）**	**3,376,830**
其他流動負債	（5,861）	146,081
淨確定福利負債	（360,362）	（326,368）
營運產生之現金流入（流出）	（935,591）	4,268,342
收取之利息	4,273	3,179
收取之股利	0	483,474
支付之利息	（261,377）	（387,153）
營業活動之淨現金流入（流出）	（1,192,695）	4,367,842

資料來源：公開資訊觀測站，作者彙整

四、因為以上三因素，華映 2017 年營業活動之現金流量約
為負 12 億元。

從表 5-5 華映個體資產負債表中可以看到華映營業活動之現
金流量為負的原因為，以前已向關係人預收約 153 億元貨款（查
2016 年財報而得），且 2017 年積欠關係人貨款達 95 億元。截至
2017 年底積欠關係人的貨款，再加上預收款項合計達 176 億元，
是 2017 年向關係人進貨 68 億元的 2.6 倍。

除非預收款項及積欠款項交易得予延續，否則華映 2018 年
及往後幾年營業活動的現金流量註定不佳。

另外，從表 5-6 華映 2017 年個體報表的「投資活動之現金
流量」中可以看出：

一、當年藉由處份股票及一部份財產給日商 Ortus 以及出售
其他資產，為公司取得約 74 億元的現金。

表 5-5　華映之個體資產負債表

資料來源：公開資訊觀測站

華映
2016~2017
個體資產負債表摘要
單位：新台幣仟元

> 2017 年積欠關係人貨款達 95 億元，再加上當年度預收款項合計為 176 億元，是 2017 年向關係人進貨 68 億元的 2.6 倍，導致華映 2018 年及往後幾年營業活動的現金流量註定不佳。

會　計　項　目	2017 年度 金　額	%	2016 年度 金　額	%
流動資產				
現金及約當現金	$3,485,121	7	$3,416,241	7
無活絡市場之債務工具投資 - 流動	46,813	-	146,785	-
應收票據淨額	-	-	54	-
應收帳款淨額	1,130,776	3	1,400,105	3
應收帳款 - 關係人淨額	253	-	189,794	-
其他應收款	45,725	-	87,191	-
其他應收款 - 關係人	113,702	-	152,827	-
存貨	2,117,469	5	2,211,965	4
預付款項	84,272	-	91,688	-
待出售非流動資產〔或處分群組〕〔淨額〕	-	-	5,339,030	10
流動資產合計	7,024,131	15	13,035,680	24
流動負債				
短期借款	$5,258,830	11	$5,437,730	10
應付票據	58,183	-	59,655	-
應付帳款	1,896,816	4	1,862,149	3
應付帳款 - 關係人	**9,522,839**	**20**	**9,663,469**	**17**
其他應付款	2,572,882	5	2,428,610	5
其他應付款項 - 關係人	270,838	1	1,333,775	3
預收款項	**8,123,404**	**17**	**15,259,269**	**27**
一年或一營業週期內到期長期借款	2,423,125	5	1,862,450	3
其他流動負債 - 其他	459,368	1	5,229	1
流動負債合計				
非流動負債				
長期借款				
負債準備－非流動				
遞延所得稅負債	708		1,170,269	2
長期應付票據	848	-	-	-
長期遞延收入	27,329	-	268,081	1
淨確定福利負債－非流動	794,069	2	1,209,116	2
存入保證金	5,548	-	6,779	-
非流動負債合計	3,177,520	6	7,397,725	13
負債總計	33,763,805	70	45,770,061	82

> 2017
> 應付帳款－關係人：95 億元
> →積欠關係人貨款
> 預收款項：81 億元
> →無法在 2018 年及以後年度產生現金流量

> 2016
> 預收款項：153 億元
> →無法在 2017 年及以後年度產生現金流量

二、當年購置約 17 億元的「不動產、廠房及設備」。

華映的面板事業屬於資本與技術密集產業，華映一年十幾億元的設備投資與小面板的同業彩晶相當，但遠遠低於群創及友達。這會讓投資人擔心該公司的競爭力是否能夠維持及提升。

另外，華映可能為了籌措資金而處份資產，但以後還能有多少資產可供處份？我們研讀報表（2017 年財報附註 8）的結果是，只剩下大陸華映及少量的福華電子股票。但大陸華映主要是負責台灣華映面板製造的後製程，很難分割出售。所以要取得大金額的現金，除非是賣廠房或設備，否則應該是賣無可賣了。

我們再從華映 2017 年個體報表之籌資活動的現流表中可以看出：

一、透過借新還舊的方式再籌資約 170 億元銀行借款，這部份不影響現金流量。

二、利用處份資產所取得的現金，償還銀行長期借款約 26 億元及關係人帳款 10 億元。

三、由於歷年累積的虧損嚴重，沒有配發股利。

從籌資活動中我們可以看出，華映的主要籌資活動就是借新還舊。我如果是銀行，一定會催促公司趕快償還，若要借新還舊必須要提供十足的擔保，這還是看在華映是大同集團成員的份上。但若是母公司在策略上要放棄華映呢？

表 5-6　華映籌資活動之現金流量

華映 2016~2017 個體現金流量表摘要 單位：新台幣仟元	1. 設備投資金額遠低於同業 2. 賣子公司的錢主要用於償還借款，以及返還預收及 　應付關係人款項	
項目	**2017 年度** 金額	**2016 年度** 金額
投資活動之現金流量：		
取得無活絡市場之債務工具投資	(\$28)	\$-
處分無活絡市場之債務工具投資	100,000	74,418
處分子公司	3,913,353	-
處分待出售非流動資產	3,498,572	600,000
取得不動產、廠房及設備	(1,753,464)	(1,450,267)
處分不動產、廠房及設備	87,568	145,167
存出保證金增加	(4,159)	(5,800)
存出保證金減少	4,722	39,596
取得無形資產	(192,954)	(56,381)
支付之所得稅	(589,895)	-
投資活動之淨現金流入（流出）	5,063,715	(653,267)
籌資活動之現金流量：		
短期借款增加	12,270,005	15,975,287
短期借款減少	(12,448,905)	(16,899,322)
償還公司債	0	(600,000)
舉借長期借款	2,437,878	1,169,220
償還長期借款	(5,093,583)	(807,146)
存入保證金增加	100	535
存入保證金減少	(1,331)	(16,942)
應付款項增加	33,696	0
其他應付款－關係人增加	0	1,000,000
其他應付款－關係人減少	(1,000,000)	(3,909,741)
處分子公司股權（未喪失控制力）	0	968,560
籌資活動之淨現金流入（流出）	(3,802,140)	(3,119,549)
本期現金及約當現金增加數	68,880	595,026
期初現金及約當現金餘額	3,416,241	2,821,215
期末現金及約當現金餘額	\$3,485,121	\$3,416,241

資料來源：公開資訊觀測站，作者彙整

總之，從華映 2017 年個體報表的現流表和資產負債表（表 5-4 至 5-6）可以看出，因為過去向關係人預收及積欠太多貨款，未來幾年除非業績超乎尋常的好（2018 年是面板產業非常糟的一年），營業活動的現金流量很難是正的。營業活動既然難以產生巨額的現金流入，就只能向銀行以借新還舊的方式展延，並且很難大幅更新設備。然而，設備投資停滯不前又會進一步導致競爭力衰退。所以除非經由大舉增資，否則華映事實上已經走入營運上的死胡同，即使向法院聲請重整成功也沒用。

　　從華映案例中，我們了解現金流量表的目的有三個：

一、了解一家公司的獲利品質是否良好。

二、獲利品質好的公司，可以從營業活動是否能產生穩定的現金流入看出來。對於獲利品質好的公司，我們可以從其自由現金流量進而預測其股利的穩定性，甚至成長性。

三、對於獲利品質好的公司，投資人可以加碼。反之，不是減碼，就是必須設定較低的本益比，才是明哲保身之道。

預先看出
財報地雷

—— 企業做假帳的 6 特徵、6 警訊

資本市場是一個創造財富與財富重分配的市場。有人辛辛苦苦經營企業有成後將公司上市，享受股價上漲帶來的財富增加利益，也有人因為勤於分析總體經濟與產業走向而投資有成、賺大錢；另一方面，卻也有人因為經營不善或看錯股市走向而虧大錢。

在股票市場賺錢的人，只要是遵守法令就沒有人有話說，畢竟努力和風險承受力與報酬之間也存在著關聯性。反之，如果是為了賺錢而製造虛假的財務報表，藉由破壞遊戲規則，昧著良心圖利自己、坑殺別人，這樣的作為一定令人不齒。

遺憾的是，台灣平均每二至三年就會發生上市櫃公司財報造假的案例，例如報載從事 LED 的揚華科技自 2012 年起，涉嫌聯合宇加、百徽等 20 餘家公司，以假交易方式營造公司業績大幅上揚的假象，拉抬公司股價；從事印刷電路板的雅新為了避免股價下跌，銀行團收銀根，單單 2006 年即做帳虛增營收 186 億元，以隱瞞虧損。

對投資人而言，一旦企業做假帳的訊息經媒體披露，通常為時已晚，只能眼睜睜看著血汗錢化為烏有。究竟企業做假帳有無徵兆可循？若能提早看出投資標的的財報有假，可讓投資人及早避禍，減少損失。

要了解企業是否在做假帳，我們必須從企業是否有做假帳的誘因或壓力、假帳在財報上常見的特徵，以及做假帳常見的非財務警訊三方面來加以探討。

企業做假帳的誘因或壓力

為什麼一家公司要做假帳，美化財務報表呢？以下我們就做假帳的主要誘因或壓力分析如下：

動機 1：為順利上市上櫃

企業要能夠順利上市或上櫃，業績及財務必須符合獲利及財務標準，為了讓財報數字符合最低標準，有可能會去做假帳。例如報載就曾提到有一企業名叫國 X 幹細胞，其為了順利上市櫃，找上無會計師證照的男子，藉由膨脹營業額及毛利方式，製造不實財務報表，直到投資者投入數千萬資金入股後發現有異，向調查局舉發才揭穿此事。

為了順利上市櫃而製造假帳的事件很多，更多的案例是假藉申請上市櫃之名行詐欺之實。多年前我曾接獲台中地方法院的出庭傳票，原來有人開了一家公司，誇稱要上市櫃，為了吸引投資者而製造假帳，又為了取信投資者，還偽造以我名義簽發之會計師查核（帳）報告書。

要避免投資未上市櫃公司受騙，投資者宜了解簽證會計師聲譽、必要時打電話或實地拜訪會計師，甚至調查欲投資公司之業務狀況為宜。

上市上櫃公司最常見的醜聞：虛增營收

〈竹縣生技廠做假帳　負責人夫妻遭判刑〉

新竹縣 1 名 55 歲朱姓男子，於 2003 年創立ＸＸ幹細胞公司，擔任公司負責人，同時也是ＸＸ農業基因、ＸＸ生化及ＸＸ生物企業社實際負責人。朱男前妻彭姓女子（54 歲）自 2005 年起曾任ＸＸ生技監察人、負責人及執行長等職務。該公司為了讓公司順利上市櫃，委由無會計師證照的歐姓男子，負責修改公司不良財務報表，但 2 人授意歐男虛列資本、填製不實會計憑證、會計帳簿報表及財務報表，還利用兒女及友人當人頭，由母公司產品賣回給子公司，膨脹ＸＸ公司營業額及毛利，並隱匿與子公司交易的事實，虛增營業額，致使 2009 及 2010 年財報不實。

由於投資者投資數千萬入股後，發覺有異，向調查局舉發，才揭發此事。被告朱男、彭女、歐男 3 人在偵審過程均自白坦承犯行。新竹地院合議庭法官依違反公司法、商業會計法判朱男有期徒刑 2 年，緩刑 5 年，應捐國庫 100 萬元；彭女則違反公司法及商業會計法判 1 年 6 個月，緩刑 4 年，並應捐國庫 60 萬元，另歐男違反商業會計法，判刑 9 個月，緩刑 2 年，並應捐國庫 30 萬元。全案可上訴。（楊勝裕／新竹報導）

資料來源：《蘋果日報》即時新聞 2014/06/17 12:58
https://tw.news.appledaily.com/local/realtime/20140617/417846/

動機 2：掩飾本業衰退或獲利不佳的情形

　　企業如果財務狀況不好，為了怕財報不佳訊息公佈後股價下跌或銀行不願意繼續貸款，可能就會以做假帳方式掩飾虧損。例如報載光洋科因為從事黃金買賣及衍生性金融商品產生鉅額虧

損，為了掩飾虧損而自 2011 年起連續五年製造不實財報。生產印刷電路板的雅新實業也是為了掩飾本業不佳而製造不實財報。

投資人宜避免買入財務狀況已經不好的公司，例如負債比超過七成的公司，或是買入規模與技術和同業相仿，但財務績效明顯與同業不同的公司，例如雅新的技術與同業並無太大差異，但當同業虧損時，它在製造假帳期間的 EPS 反而大多達到 2 元以上，這樣的獲利能力豈不怪哉！

動機 3：避免大股東破產

公司上市櫃對股東最大的好處主要在於財富增加，其次是讓財富流動化。簡單的說公司上市櫃後大股東可以用股票質押方式向銀行借款，利用借得的錢再投資或從事其他投資。

大股東利用自身股票向銀行質押借款，如果股價跌了一定百分比就必須要提供額外擔保品。通常而言如果股票質押成數超過六成，股價就不能大跌，否則大股東有可能因為拿不出額外擔保品而破產。所以當大股東提供質押的股票成數太高時，企業會有製造不實財報以掩飾績效不佳的壓力。

大股東股票質押成數可以在公開資訊觀測站的「內部人股權異動」中查得。大凡大股東股票質押成數高的股票，股價就不易跌，一跌則如山崩。

動機 4：操縱股價

要從資本市場獲利主要是透過買低賣高的方式賺取差價。若有存心不良的大股東要非法賺取差價，其主要的方法通常是透過：

一、以低價辦理現金增資。

二、發行可轉換公司債，透過人頭認購這些公司債或由承銷商將債及股票認購權分離，再由人頭取得股票認購權。

三、透過人頭與市場主力先在股價低點大量買進股票。

這三種都是取得部位的方法，但有了部位如果股價不漲一切都將枉然。透過製造假帳提高 EPS 是操縱股價的主要方法之一。

揚華科技聯合宇加、百徽等 20 餘家公司，以假交易方式營造公司業績大幅上揚假象，拉抬公司股價，就是典型的案例。十幾年前造成轟動的仕欽及陞技假帳案，情節大多如出一轍。

透過假交易來操縱股價的案例，台灣資本市場上每隔幾年就會有新案例，至於大陸股市亦多所發生。製造假帳提高 EPS 而被發現的公司，往往會有一到數個特徵，例如帳上的應收帳款帳齡特別長，存貨帳齡特別短。透過這些特徵，投資人可以找到做假帳做到自己是誰都搞不清楚的公司，從而趨吉避凶。

動機 5：掏空公司

有些大股東為了取得炒股資金或是償還債務，會把念頭動

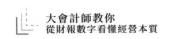
大會計師教你
從財報數字看懂經營本質

到公司頭上。他可能會在源頭上截取客戶的應收帳款，可能會透過預付方式將大筆資金匯出，可能會安排交易讓公司高價購買資產、或低價出售資產、或盜賣資產而不入帳。

2015 年四月和旺建設爆發違約交割，前董事長假借投資飯店名義，掏空公司資金，並以不實土地交易價格向銀行詐貸，又以不實方式虛增土地交易 30 多億元，而被法院判刑 10 年 6 個月。

表 6-1 是和旺掏空案前董監事股票質押情形。掏空公司可能導致公司帳上出現不合理的應收帳款、其他應收款或預付款項金額，更甚者會出現不合理的巨額資產或併購交易。投資人可再重新閱讀本書第三章。

假帳在財報上常見的特徵

製造假帳公司的財務報表通常會有下列一至六項特徵，以下我們就一一加以介紹。

特徵 1：過高的應收帳款天數

一家公司要創造利潤，最主要的方法就是透過創造營收。為什麼是透過創造營收？第一個原因是因為營收是企業產生利潤的主要來源：企業本業的獲利主要透過「營收－成本－費用」來的，製造假帳如果是透過減少成本或費用來創造利潤，會因為成本率

表 6-1　質押股數占個人持股比重異常增加

和旺建 2010~2015 質押股數占個人持股之比重	質押股數占個人持股之比重逐年增加，顯示大股東需錢孔急，且財產可能押無可押。	
	董事長本人	配偶及二親等
2010 年	14%	0
2011 年	14%	0
2012 年	62%	51%
2013 年	90%	76%
2014 年	90%	95%
2015 年	100%	74%

資料來源：公開資訊觀測站，作者彙整

或費用率異常而啟人疑竇。透過創造營收及成本讓帳上產生「合理的正常營業利潤」，最能吸引投資人。

　　第二個原因是因為收入是判斷企業未來發展的重要指標之一：股票價格有很大的一部份是建立在夢想上，這個夢想就是公司會繼續成長，獲利會繼續增加。而營收是否增加？增加多少？是判斷企業是否繼續成長的主要關鍵。因此主管機關特別規定，上市櫃公司必須在每月十日前在公開資訊觀測站上公告其上個月之合併營收數。所以做假帳如果不透過創造營收的話，還真對不起受騙的投資人。

　　創造營收的方式通常是先找一批不存在或是呆滯的存貨，然後安排幾個人頭公司來交易這批貨。比如甲公司先以 100 萬元向

B 公司購入一批貨（這批貨可能不存在或存在但卻是呆滯品或瑕疵品），然後將這批貨以 120 萬元賣給 A 公司，A 公司接著再以 120 萬轉回給 B 公司，從而完成營收增加 120 萬、利潤增加 20 萬的艱困但漂亮工程。接著甲公司再以 120 萬元向 B 公司買回這批貨，再以 140 萬元賣給 A 公司。如此這般不斷重複，就可以創造出要多少營收與利潤就有多少營收與利潤的財務數據。

這種作法的倒數第二步是透過一筆現金將應收帳款與應付帳款對沖，對沖之後在應收帳款只會留下一個痕跡，這個痕跡就是利潤，以上例第一筆交易來說就是 20 萬（120 萬－ 100 萬）。除非老闆拿錢來填利潤這個缺口，否則這個利潤會永遠留在應收帳款裡銷不掉。

這個作法的最後一步就是老闆拿錢出來把利潤這個缺口給堵上。老闆為什麼願意拿錢出來？原因有二。一是做假帳的刑期是一至七年有期徒刑；二是做假帳的目的是要藉此拉抬股價賺錢，如果老闆真的因此賺到錢，他從賺的錢中拿一部份出來把洞補上，是以免東窗事發後被關的應有之舉。

做假帳導致應收帳款大增的原因有二：

一、**利潤沖不掉**：老闆若沒有即時拿錢來填虛假利潤這個洞，藏在應收帳款裡的虛假利潤金額就會愈來愈高。

二、**應收帳款被挪用**：炒股票需要巨額的資金，當老闆資金

不足時最簡單的方法就是，透過早付假交易中的應付帳款、晚收應收帳款方式，來挪用公司的資金去炒股。挪用金額愈多，應收帳款金額就愈高。

當應收帳款愈墊愈高，透過「（期末應收帳款／營業收入）×365 天」這個公式，所算出來的應收帳款天數就會很高。在第三章中我們提過，公司的整體帳齡超過三個月（90 天），除非有特殊原因，不然有可能是有巨額呆帳未承認或是存有假帳。圖 6-1 是假交易以及挪用公司資金的流程圖。

圖 6-1　幕後金主挪用資金買股流程

幕後金主挪用資金買股票

甲公司向 A 公司及 B 公司假進貨，真付款。不法資金流向幕後金主，用於投機炒股。

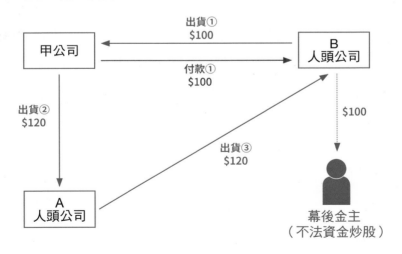

2015 年六月中旬，上櫃公司揚華科技爆發假交易掏空案。經調查局調查，該公司涉嫌在 2012 年三月起，與宇加、友旺、駿熠、佳營、百徽等二十餘家公司聯合，進行虛假交易數十億元，以此營造公司業績大幅上揚的假象，再以不實財務報告，陸續辦理現金增資及發行可轉換公司債，向投資大眾募集資金。表 6-2 中可見揚華科 2012、2013 及 2014 年應收帳款金額及帳齡異常。

特徵 2：過低的存貨天數

作偽交易的公司在虛增營收之時也會虛增成本。比如前面所舉的偽交易中，甲公司的第一次偽交易會為它創造 120 萬元的營業收入，同時也為它創造出 100 萬元的營業成本。

企業通常不會為了做假帳而去買一大批不需要的存貨進來，所以公司帳上的存貨還是真正可以出售的存貨，以致期末存貨與銷貨成本比起來，期末存貨就會變得很小。如此，將「（期末存貨 / 銷貨成本）X 365 天」所得出來的天數就會比同業低很多。

我們在第三章中有提過，除非是特殊行業或是採豐田式生產的公司，正常公司的存貨不宜超過二個月，但也不能太低，以免造成沒有原料生產或無貨可賣的情況，所以即便是統一超的存貨天數都將近 30 天。當公司存貨天數不合理的低，例如 5 天、8 天的，通常表示假交易做的太火熱所致。

據報載上櫃公司仕欽科技在 2005 年間受到將遭仁寶電腦併

表 6-2　揚華科應收帳款週轉天數異常

揚華科及其子公司 2012~2014 合併資產負債表 單位：新台幣仟元	應收帳款週轉天數 2012：188 天 2013：190 天 2014：163 天 →應收帳款帳齡超過 90 天					
資產	2014 年度		2013 年度		2012 年度	
	金額	%	金額	%	金額	%
流動資產						
現金及約當現金	$ 252,312	11	$ 107,275	7	$ 147,283	14
無活絡市場之債券投資 - 流動	2,760	-	2,769	-	-	-
應收票據	43,859	2	68,180	4	-	-
應收帳款 - 關係人	-	-	-	-	25,779	3
應收帳款 - 非關係人	1,263,562	54	697,619	45	295,775	29
其他應收款	6,741	-	5,351	-	25,663	3
存貨	349,545	15	191,220	12	28,199	3
預付土地款	-	-	-	-	-	-
預付款項	4,823	-	1,307	-	213	-
待出售非流動資產	46,000	2	46,000	3	-	-
其他流動資產	709	-	7,724	1	1,776	-
流動資產總計	1,970,311	84	1,127,445	72	524,688	52

資料來源：公開資訊觀測站，作者彙整

購的消息影響，客源縮減、營業收入下滑。

當時由於銀行籌資額度告罄、營運資金日益短缺，該公司於 2006 至 2008 年，虛列與日商富士通、APEX 公司的不實交易，總計虛增不實銷貨 63 億 8,600 萬餘元。該公司再以不實交易憑證

表 6-3　平均售貨日數過低：以仕欽科技為例

仕欽科 2005~2007 資產負債表		存貨天數過低 →平均售貨日數僅 3 到 8 天		
採月制會計年度（空白表歷年制）		2007 年度	2006 年度	2005 年度
財務結構	負債佔資產比率 (%)	43.43	50.16	51.16
	長期資金佔固定資產比率 (%)	860.72	559.06	464.97
償債能力	流動比率 (%)	255.84	219.26	122.53
	速動比率 (%)	238.84	204.75	108.32
	利息保障倍數 (%)	-338.12	196.73	518.31
經營能力	應收款項週轉率（次）	1.78	2.08	2.69
	應收款項收現日數	205.05	175.48	135.68
	存貨週轉率（次）	107.65	53.62	44.91
	平均售貨日數	3.39	6.80	8.12
	固定資產週轉率（次）	9.49	9.40	8.08
	總資產週轉率（次）	0.79	0.84	1.04
獲利能力	資產報酬率 (%)	-11.00	2.75	6.58
	股東權益報酬率 (%)	-24.59	2.45	12.53
	營業利益佔實收資本比率 (%)	-3.42	14.76	20.26
	稅前純益佔實收資本比率 (%)	-24.44	5.87	22.41
	純益率 (%)	-16.98	1.42	5.07
	每股盈餘（元）	-3.03	0.38	1.84
現金流量	現金流量比率 (%)	-22.54	16.50	-18.23
	現金流量允當比率 (%)	-48.97	-29.63	-84.01
	現金再投資比率 (%)	-8.47	4.90	-21.68

資料來源：公開資訊觀測站，作者彙整

向大眾銀行、中國信託銀行詐貸超過 40 億元。從表 6-3 中可以看到仕欽科 2005、2006 及 2007 年平均售貨日數介於三到八天，顯示相關人員實在是太投入假交易這個偉大的事業中，以致產生連自己的名字都忘了的現象。

如果一家公司與同業相較，同時有「應收帳款天數過高」與「存貨天數過低」這兩個指標，做假帳的機率高達九成。

以上這兩個異常指數是最基本的判斷依據。大多數做假帳的公司都是犯這種「低級錯誤」的。但也有少數做假帳的公司會從事一些「高級的」作法，做得比較隱諱，讓投資人無法在第一時間很直覺的判斷出來。

特徵 3：過高的不動產、廠房及設備

應收帳款過高除了可能被懷疑做假帳外，也可能被懷疑是否有巨額呆帳費用應承認，會引起查帳會計師及主管機關的注意及嚴查，這對於製造假帳以提高帳上獲利這項偉大志業者而言，是不能接受的。解決的方法主要有三種：將應收帳款轉成「不動產、廠房及設備」、「長期投資」、「現金」及雜項資產。我們先講轉入「不動產、廠房及設備」。

如果一家公司的應收帳款不合理，但應收帳款突然在某一個時點消失不見，而「不動產、廠房及設備」卻大幅增加，有可能是該企業以高於市價方式購入資產（例如設備），迂迴的將過高的應收帳款轉入此科目了。複核的方法是比較營業額相當之同業，其「不動產、廠房及設備」之金額。

特徵 4：過高的長期投資

做假帳的公司也可能藉由高價投資股票方式消化應收帳款或掏空公司資產。這交易如果占被投資公司 50％ 以上的股權，這家被投資公司就會被編入合併報表，其過高的價格就會反應在商譽上。依財報的編製規定，商譽會表達在合併資產負債表的「無形資產」或「商譽」科目上。這筆交易如果占被投資公司不到 50％ 的股權，依財報的編製規定，大多會表達在合併資產負債表的「按權益法之投資」這個科目上。

土地、廠房或設備大多有市價可參考或推算，要追查價格是否太高比較容易。未上市櫃公司的合理股價就比較不容易推算，曾有著名的外資投行告訴我「股價的主要依據是未來的獲利假設，對於傳產事業，例如銀行、保險、食品、通路、化工及汽車等等，他們的獲利比較容易預期，其合理股價也就很容易推算，但對於電子、遊戲、生醫等企業的合理股價就很難推算了」。

樂陞未爆發弊案前曾從事幾個大型併購案，這些併購案的價格有沒有過高我不清楚，其在出事後重編之 2016 年財報中，曾對相關長期投資打掉約 26 億元的商譽及其他無形資產。

特徵 5：過高的現金

轟動一時的博達案，有上萬名投資人受害。博達科技自 1999 年十二月，以每股新台幣 85.5 元在台灣證券交易所上市後，股價

一路上揚，2000 年四月股價飆漲至 368 元，登上股王寶座，2002 年更被媒體評為是「不景氣時的投資瑰寶」。

　　但其實該公司自 1999 年起即以循環交易的方式美化財報，製造 160 億元的假交易及 1.7 億美元假存款。2003 年該公司本業於當年度第一季首度出現虧損，據媒體報導過去一直存在的應收帳款過高問題，第一季更加嚴重，平均收款天數達到 347 天，本業未見轉機。

　　到了 2004 年，就爆發出做假帳的醜聞，引起市場一片嘩然。檢調發現，博達科技在葉素菲擔任董座期間，透過虛增營業額、以境外交易套取公司資金、發行不實海外公司債等手法，掏空公司資產 63 億元。

　　在整個假交易及假帳醜聞中，博達為了減少應收帳款金額，將幾十億元的應收帳款「賣」給國外銀行，為了讓銀行願意收買這批應收帳款，博達與銀行協議，在銀行尚未收到應收帳款的錢時，銀行支付這批應收帳款的錢，博達不能動用。

　　換句話說，搞了半天這個交易有做等於沒做。博達因此在交易帳上虛減應收帳款、虛增現金。我們可以從表 6-4 中看出博達 2002 年「現金及銀行存款」，再加上「短期投資淨額」合計高達 47 億元，可供該公司正常營運超過八個月。但另一方面，我們可看出該公司當年度之長短期借款超過 92 億元。

表 6-4　博達滿手現金卻債台高築

<table>
<tr><td colspan="5">
博達科
2001~2002
資產負債表摘要
單位：新台幣仟元
</td><td colspan="1">
2002 年帳上現金＋短期投資有 47 億元，
帳上長短期借款也超過 92 億元
</td></tr>
</table>

資產	2002.12.31 金額	%	2001.12.31 金額	%
流動資產：				
現金及銀行存款	$ 4,177,406	21	$ 1,683,057	9
短期投資淨額	520,146	3	1,512,135	8
應收票及帳款淨額	2,887,728	15	3,459,805	19
應收關係人票據及帳款淨額	141,604	1	49,559	-
存貨淨額	3,740	5	1,093,582	6
預付款項及其他	225	3	348,829	2
	849	48	8,146,967	44
長期股權投資	4,588,522	24	4,070,508	22
固定資產淨額	5,286,268	27	6,054,597	33
其他資產	270,413	1	277,799	1
資產總計	19,445,052	100	18,549,871	100
負債及股東權益				
流動負債：				
短期借款及應付短期票券	$ 1,800,342	9	$ 1,945,014	10
應付票據及帳款	145,140	1	656,489	4
一年內到期長期負債	605,800	3	497,061	3
應付費用和其他流動負債	163,129	1	238,686	1
	2,714,411	14	3,337,250	18
長期負債：				
應付可轉換公司債	2,904,123	15	3,095,848	17
長期借款	3,874,201	20	2,401,605	13
應計退休金負債及其他	62,244	-	18,550	-
	6,840,568	35	5,516,003	30
負債合計	9,554,979	49	8,853,253	48
股本	3,428,847	18	2,667,958	14
資本公積	6,020,261	31	6,242,225	34
保留盈餘	437,726	2	786,624	4
累積換算調整	3,239	-	[189]	-
股東權益合計	9,890,073	51	9,696,618	52
承諾及或有負債				
負債及股東權益總計	$ 19,445,052	100	18,549,871	100

現金及銀行存款＋短期投資淨額約為 47 億元

流動借款＋長期借款總計超過 92 億元

資料來源：公開資訊觀測站，作者彙整

或許一般投資人不了解博達背後的數字遊戲，但隱約還是可從財報上看出端倪。根據博達 2002 年財報數字顯示，當年度該公司有 92 億元的長短期借款，而手上現金卻高達 53 億元。另一方面，眾所皆知，把錢放在銀行生的利息低，但是向銀行借款的利息卻很高。

　　我們從表 6-5 中可以看到，博達因為債台高築，導致 2002 年利息費用超過四億元，但利息收入卻不到二千萬元；支付高額的利息費用，也是當年度純益僅剩 1.5 億元的主因之一。試想在這種情況下，一家公司既然手上有那麼多現金，為何不趕快把負債償還掉，以減少利息支出呢？

　　十幾年前我還是執業會計師時，有家公司增資二十幾億元，某天公司老闆來找我，他先是抱怨了友所的簽證會計師，希望委託我來簽證。老闆說，辦理的現金增資存放在瑞士，要函證沒問題，還會額外給我一千萬。我並沒有接下此委託，主要在於為什麼辦理增資的錢要放在瑞士？還要額外給我報酬？果不其然，幾年後該公司就爆發經營危機。

　　其實，現金高沒有關係，但是，如果一家公司的現金不合理的高，且現金與銀行借款兩者都很高，就是不合理的現象。

表 6-5 利息支出遠超過利息收入,不合常理

| 博達科　2001~2002 損益表摘要 單位：新台幣仟元 | \multicolumn{4}{l}{2002 年利息收入僅為近 2 千萬,但利息費用(支出) 卻高達 4 億元。 利息支出遠超過利息收入,不合常理。} |
| | 2002 年度 | | 2001 年度 | |
	金額	%	金額	%
銷貨收入	$6,479,440	100	$8,171,950	100
減：銷貨退回及折讓	7,431	-	17,439	-
營業收入淨額	6,472,009	100	8,154,511	100
銷貨成本	5,353,095	83	6,493,641	80
營業毛利	1,118,914	17	1,660,870	20
減：未實現營業毛利減少(增加)	(6,823)	-	13,201	-
已實現營業毛利	1,112,091	17	1,674,071	20
營業費用				
銷售費用	188,573	3	147,302	2
管理及總務費用	196,671	3	173,193	2
研究發展費用	84,543	1	120,971	1
營業費用合計	469,787	7	441,466	5
營業淨利(淨損)	642,304	10	1,232,605	15
營業外收入及利益				
利息收入	19,462	-	51,573	-
處分長短期投資利益淨額	64,690	1	42,069	1
兌換利益淨額	-	-	96,210	1
其他收入	48,510	1	28,976	-
	132,662	2	218,828	3
利息費用	407,596	6	398,510	5
投資損失淨額	185,487	3	112,063	1
兌換損失淨額	92,194	1	-	-
其他損失	8,295	-	31,455	-
	693,572	10	542,028	6
營業部門稅前淨利	81,394	2	909,405	12
所得稅費用(利益)	(17,716)	-	17,294	-
營業部門淨利	99,110	2	892,111	12
非常利益	55,475	1	46,882	1
本期淨利	$154,585	3	$938,993	13

資料來源：公開資訊觀測站,作者彙整

特徵 6：過高的雜項資產

　　大股東有資金需求而需一時挪用公司資金的方式通常有三。一是透過人頭公司與公司交易，再透過延遲付款的方式，挪用應收帳款，這在報表上會產生高額應收帳款；二是透過其他交易產生其他應收款，這在報表上會產生高額的其他應收款；三是透過預付材料款、租金等方式將資金撥出去，這在報表上會產生高額的預付款項或存出保證金。因此，當一家公司有高額的其他資產、預付款項或存出保證金等雜七雜八資產，而同業沒有或金額很低時，投資人就要小心了。

製造假帳常見的非財務警訊

　　做假帳的公司在被發現前，投資人除了可以經由財報異常窺探一二之外，還可以經由下列幾個非財務警訊來加強判斷。這些警訊之部份項目通常會在假帳爆發前「先後」或「同時」出現。接下來我們來探討以下六個警訊：

警訊 1：老闆的誠信被質疑

　　通常一家公司出事之前，市場上會有耳語或報載這家公司異常的現象。通常市場的質疑未必會成真，但是只要一家公司的老闆平時做生意的手法不按牌理出牌，或是行事不按一般的誠信原

則，就是一個警訊。

比如一旦市場傳言老闆去賭博，更是警訊中的警訊。和旺建設董事長在假帳爆發前，市場就傳言他在澳門豪賭欠下賭債，爾後他承認這幾年來為了公司營運以及個人花費所需的資金，陸續向地下錢莊借了約十億元，高額的利息，讓他平均每三個月就要多還一個本金，而必須挪用公司資產、出售土地價款、盜用公司支票，以清償個人債務。

最後於 2015 年 4 月，爆發股票違約交割及跳票事件。從和旺董事長、配偶及二親等親屬之股數質押成數來看，董監事顯然非常缺錢。

警訊 2：經營階層變動

如果一家公司做假帳或有掏空的動作，情況惡化到紙快包不住火時，經營階層有些人會離開。一般來說，主要有四種人，一是財務長或是會計長，第二是獨立董事，第三是一般董事，第四是董事長。

這四種人當中，哪一種人離開會是警訊的先行指標？答案是財務長或會計長。一家公司做假帳做到紙快包不住火時，公司最高的經營者董事長一定知道，一般財務人員通常也知道，唯一不知道的可能是獨立董事，獨董有可能會被蒙在鼓裡。那麼，為何是財務長會先離開呢？因為財務長不喜歡做假帳。

今天財務長會願意配合，是因為他相信董事長有能力解決這個危機，例如董事長最終會拿錢出來把應收帳款補平。所以一開始基於養家活口可能會配合。但事實上董事長有沒有補平帳上缺口這個能力，只有董事長自己知道，可是董事長即使意識到他已經沒有這個能力，他也不能告訴財務長及其他人，否則公司豈不立刻出問題。董事長是公司大股東，而且出事了他要被抓去關，所以即便他內心很痛苦，面上也要表現出沒問題，以安撫人心。

當財務長最終體認到董事長沒有能力解決問題時，他就會先離開，並希望有誤入叢林的小白兔趕快來取代他。因此當做假帳公司快撐不住時，財務人員的異動可說是先行指標。

第二個指標就是獨立董事，但通常獨立董事離開的時候已經來不及了。因為獨董決大多數是被矇騙的人，等到獨董都知道且請辭的時候，表示紙已經燒起來了，醜聞已經爆發或即將爆發了，這時候對投資人來說已經太慢了。

所以如果投資人閱讀一家公司的財報，發現該公司的負債比率偏高時，可以到「股市公開資訊觀測站」查詢其人事異動，一旦發覺財會經理離職或是職務調整時，你必須更加小心，因為這代表可能連財務經理都不看好這家公司，決定離開了。

警訊 3：股票價格異常飆漲

當大風來時連豬也會飛，但是當景氣不錯，可能大家都飛到

508 公尺的 101 大樓高度，此時若有一隻豬飛到 3,952 公尺的玉山高度，恐怕就是警訊了。

因為，一家公司的股價與擁有相同技術且規模相當的同業不會相差太遠，同業好、個別公司也會好；同業差、個別公司也好不到那裡去。如果一家公司的股價不同於同業、也與公司未來前景不相干，通常暗示這家公司在炒股票，而炒股票的公司可能為了要把股價炒高去做假帳。

警訊 4：市場上利多消息不斷

炒作股票最喜歡也往往最有效的手段是透過媒體或網路散佈利多消息。當報章雜誌傳出特定公司的利多消息，如果這個消息符合重大訊息認定標準，且可能會影響股價時，交易所或櫃買中心的監理部門就會打電話要公司的發言人澄清。

按規定，發言人必須要在每天早上開盤之前做澄清。一家公司如果不斷的放出利多消息，發言人又常常在做澄清，也往往暗示公司在炒股票。投資人要了解利多消息是不是公司放出去的，可以去查公開資訊觀測站上的「重大訊息與公告」一欄中特定公司的版面。在此版面中，發言人大多會說「這則消息是媒體善意的揣測與報導，公司不予置評」。如果公司澄清利多消息一次就算了，但若連續好幾次，通常暗示這利多消息是公司放的，目的當然就是炒股票。

比如生產電腦機殼的仕欽科技就是一例。該公司自 1998 年公開發行，2005 年起營收下滑，營運資金日益短缺；2008 年陸續發生退票，債權銀行發現公司偽造銷貨單據詐貸，2009 年撤銷公開發行，並於 2012 年停業。

該公司董事長自承公司美化財報，向銀行貸款廿餘億元。2008 年該公司爆發退票事件之前，就在市場上大炒利多，對外表示手機訂單大增或大廠有意入主，吸引不少法人介入，另一方面卻又頻繁發布更正或澄清訊息，最後證明子虛烏有。

警訊 5：企業處於被借殼後的初期階段

台灣總共有約 1,700 家上市櫃公司，其中殭屍股大概有 300 家。所謂殭屍股或企業，就是基本上沒什麼營收，獲利不佳，股票也沒有什麼交易的公司。這些殭屍企業往往會成為短期內無法上市上櫃的公司借殼上市的對象。

借殼上市對於被借殼的殭屍企業是好事，因為它讓股價低又賣不出去的股東有新希望或順利脫手，讓擔心失業的員工可以保住工作，讓濱臨死亡的公司重新活過來。借殼上市對於借殼的公司也是好事，它讓借殼公司藉此脫胎換骨，可以藉由資本市場的助力去追求更大的成長。

但是根據我的經驗，有一部分借殼公司之所以要借殼上市，是因為自身的財務狀況不好。這麼說起來似乎有些矛盾，理論上

要借殼的公司，其財務狀況應該很好，否則怎麼出得起至少上億元的借殼費呢？

事實上，一些借殼公司或其大股東因為財務狀況不好，才希望藉由「借一個殼」活化自己的資產，也就是透過被借殼公司買入借殼公司的財產，此時會以辦理現金增資，或將被借殼公司大股東的股票轉給借殼公司大股東之手段，讓自己原來不能買賣的股票經由借殼變成上市櫃公司的股票。

財務不好而去借殼的公司，成功借殼後很可能會去炒作股票，因為他們希望透過股票利得去改善公司或大股東個人的財務狀況。另外，也有少數借殼上市案淪為借殼專業人士的遊戲，等到借殼成功以後，若不去從事驚險又刺激的炒股活動，還有天理嗎？

通常像這種公司一借殼之後，就會開始散布業務移轉的消息，來刺激市場。此外，在整個炒股期間也會不斷散布各項利多消息，並且讓公司業績不斷的出現驚奇。

揚華科技就是最好的案例之一。揚華的前身是「金美克能」，原來從事居家清潔及個人保養用品的業務，在 2012 年 3 月被氮晶科技借殼後，改名為揚華科技，主要業務轉型為綠能產業，改作 LED 的生意，此後利多及業績成長消息不斷。

從表 6-6 中我們可以看到 2012 年借殼成功以後，揚華財報

表 6-6 借殼上市後，營收成長異常：以揚華科技為例

揚華科 2012~2014 營收／現金 單位：新台幣億元	營收自 2012 年起連續三年大幅成長， 但是營業活動的現金流卻每年都是負的。		
年度	2014 年	2013 年	2012 年
營業收入	29.2	14.7	6.3
營收成長率	+ 98%	+ 136%	+ 91%
營業活動 現金流入（出）	-0.56	-2.62	-1.99

資料來源：公開資訊觀測站，作者彙整

上的營收連三年出現驚人的成長數據。這個成長數據太完美以致很難是真的。何以見得？因為一家公司被借殼後，如果連續兩年成長是很正常的，但是超過三年就不正常。為什麼？

我們假設借殼是在期中 7 月 1 日，因為借殼進來，所以第一年會增加半年的業務，第二年則是增加了一整年的業務，所以第一年與第二年的營收會大幅成長是合理的，可是如果到第三年還在大幅成長，憑什麼？這就是一個警訊。

此外我不斷提到，要看公司有沒有做假帳，第一是看營收成長，尤其是連續好幾年大幅成長。第二是看營業活動之現金流量。如前所述，一家公司的營業收入在增加，但是一直沒有現金流量，其實是危險的。

從揚華的現金流量來看，其營收雖然大幅成長，但營業活動

的現金流量卻每年都是負的，看起來就是「怪怪的」。

　　由於歷史上有少數借殼公司行為不當，我建議投資人要投資借殼成功後三、四年之內的公司，一定要多一分小心，尤其是該公司利多消息不斷，營收大幅成長，一定要特別留意。

警訊 6：處於不太好的產業卻獲利異常

　　當產業景氣好時，產業內大多數公司都可以賺到錢，但是當市場改變造成景氣不好時，通常產業內只有經營效率最好的公司會賺錢。因此，當業內景氣不好時，一家公司還能發展的比同業好，一定是有某種強項；反之，當一家公司沒有明顯的強項，收入與獲利卻比同業高很多，就是警訊。

　　曾經風光一時的印刷電路板廠雅新就是一例。以印刷電路板當時的景氣，除非做的是軟板或高階板，否則不容易賺錢。出事之前，技術及產品皆普通的雅新，每年卻都能穩定的賺到 EPS 2 塊多元，實在是太厲害、太穩定了，最後董事長終於承認虛增營收做假帳。

　　很多投資人有一疑慮：「當我發現上述 6 個警訊時，某種程度上來說，是不是代表為時已晚？」從我的經驗來看，其實還不晚，還有挽救的餘地。因為通常做假帳朦蔽投資人的公司，大多是在假帳做了兩、三年後才會被抓到。

所以，建議投資人要避免踩到假帳地雷，首先要研究產業，對產業有宏觀的了解，其次要熟讀本書內容，了解財報數字背後的意義。具備知識再來投資，可以大幅提升投資成功的勝率。

回到撰寫這本書的初衷，我認為財務報表透露出來的訊息很多，它可以告訴閱讀者，標的公司的資產、負債是否具備高品質？乾不乾淨？營運模式有無結構性獲利能力，以及獲利健不健康？

此外，它無形中也透露出經營者的經營理念、管理力度，以及是否妥善運用資源？企業總體是否穩健？是否聚焦？是否有競爭力？甚至公司文化是否追求卓越？

要看出這些隱含在數字背後的意義，除了需要懂得如何解讀財務三大表，還要有適當的產業知識以及追根究柢的精神與毅力。三大表的意義以及如何追根究柢，我已經在本書中提出相關指標和計算方法。適當的產業知識，本書略有提及，但更深層次則有待讀者個人努力研究。

例如我們評估遊戲產業，有時會看到高達數億元的「其他應收款」，這個數字在其他產業很奇怪，但在遊戲產業則是常態。因為遊戲業者通常會在便利商店、中華電信等通路販售遊戲點數，這些由便利商店、中華電信收款卻尚未轉付予遊戲公司的帳款，依 IFRS 的規定必須帳列在「其他應收款，而非「應收帳款」。如果對於遊戲產業的生態和知識沒有一定的了解度，就不會知道企業列這些會計科目的意涵。

所有的書籍和課程裡的觀念，都是給予釣竿，而非直接給魚吃。期許讀者了解閱讀財報的方法之後，再加上自己研究的產業知識，才能真正從財報數字中看到企業經營的全貌。

大會計師教你
從財報數字看懂經營本質

作者	張明輝
商周集團榮譽發行人	金惟純
商周集團執行長	王文靜
視覺顧問	陳栩椿

商業周刊出版部

總編輯	余幸娟
責任編輯	方沛晶
封面設計	FE DESIGN葉馥儀
內頁排版	薛美惠
出版發行	城邦文化事業股份有限公司-商業周刊
地址	104台北市中山區民生東路二段141號4樓
傳真服務	（02）2503-6989
劃撥帳號	50003033
戶名	英屬蓋曼群島商家庭傳媒股份有限公司城邦分公司
網站	www.businessweekly.com.tw
香港發行所	城邦（香港）出版集團有限公司
	香港灣仔駱克道193號東超商業中心1樓
	電話：(852)25086231　傳真：(852)25789337
	E-mail：hkcite@biznetvigator.com
製版印刷	中原造像股份有限公司
總經銷	聯合發行股份有限公司　電話：（02）2917-8022
初版1刷	2019年06月
初版6.5刷	2019年07月
定價	380元

ISBN 978-986-7778-70-3　（平裝）

國家圖書館出版品預行編目(CIP)資料

大會計師教你從財報數字看懂經營本質 /
張明輝著. -- 初版. -- 臺北市：城邦商業周刊,
2019.06
　　面；　公分
ISBN 978-986-7778-70-3（平裝）
1.財務報表 2.財務分析
495.47　　　　　　　　　　　　108008455

金商道

The positive thinker sees the invisible, feels the intangible,
and achieves the impossible.

惟正向思考者，能察於未見，感於無形，達於人所不能。 —— 佚名